Florian Ion Tiberiu-Petrescu   &

Relly Victoria V. Petrescu

I0474026

SISTEME

MECANICE

MOBILE

SERIALE ŞI

PARALELE

USA 2011

Scientific reviewers:

Prof. Dr. Ing. Barbu GRECU

Prof. Dr. Ing. Victor MOISE

Copyright

Title: Sisteme Mecanice Mobile Seriale şi Paralele

Authors: Florian Ion TIBERIU-PETRESCU & Relly Victoria V. PETRESCU

ISBN 978-1-4681-0144-7

SCURTĂ DESCRIERE

Lucrarea reprezintă o viziune ştiinţifică, unitară, generală, cuprinzătoare şi echidistantă a principalelor probleme pe care le ridică sistemele mecanice, mobile, seriale şi paralele. Se face o prezentare generală, urmată de studiul geometro-cinematic separat, al structurilor seriale şi paralele. Se continuă cu o introducere în dinamica acestor sisteme. Structura sistemelor paralele este vizualizată pe scurt. La sistemele seriale se studiază atât cinematica directă cât şi cea indirectă, în vreme ce la sistemele paralele se urmăreşte numai cinematica indirectă (aceasta fiind mult mai utilă). Prezentarea metodelor de bază este strâns legată de calculul matricial, care este introdus pas cu pas pentru uşurarea înţelegerii fiecărei secvenţe.

Cartea este structurată în 14 capitole, care au avut ca bază de pornire cele 14 cursuri fundamentale pregătite pentru masteranzii de la disciplinele mecatronică, roboţi industriali, manipulatori, sudare automatizată, etc.

Lucrarea se adresează însă în egală măsură tuturor specialiştilor, şi viitorilor specialişti (studenţi) care lucrează în aceste domenii, sau au tangenţe cu aceste frumoase discipline: mecatronica, robotica, automatizarea proceselor. Ea poate fi un instrument preţios şi pentru proiectanţii (designerii) acestor sisteme, pentru cei care construiesc, achiziţionează, utilizează, sau întreţin sisteme mecanice mobile seriale sau paralele.

Autorii doresc să mulţumească pe această cale colegilor lor şi tuturor celor care au contribuit direct sau indirect la apariţia acestei lucrări.

Un gând pios ne aduce aminte de înaintaşii noştrii, cu care am învăţat, ne-am pregătit şi format profesional, cu care am avut cinstea, dar şi norocul de a lucra la Universitatea Politehnică din Bucureşti (chiar mulţi ani de zile), lângă care am stat la frumoasele seminarii de robotică, din cadrul catedrei de Teoria Mecanismelor şi a Roboţilor, împreună cu care am participat la Simpozioane, Conferinţe şi Congrese Naţionale şi Internaţionale, dar care acum nu mai sunt printre noi, şi anume Profesorii Universitari, doctori docenţi, ingineri: Acad. Nicolae MANOLESCU, Christian PELECUDI, Ambasador Radu BOGDAN...

Un gând de adâncă mulţumire ni se îndreaptă şi către cel care ne-a sprijinit pas cu pas întreaga noastră activitate ştiinţifică, didactică şi de cercetare, Profesorul Universitar Consultant Dr. Ing. Păun ANTONESCU.

Cu stimă şi respect,   autorii.

CUPRINS

Cap 01_Sisteme mecanice mobile, seriale şi paralele (introducere)

Definiţie şi istoric

Nu există o definiţie unanim acceptată a robotului. După unii specialişti acesta este legat de noţiunea de mişcare, iar alţii asociază robotul noţiunii de flexibilitate a mecanismului, de posibilitatea lui de a fi utilizat pentru activităţi diferite sau de noţiunea de adaptabilitate, de posibilitatea funcţionării lui într-un mediu imprevizibil. Fiecare din aceste noţiuni luate separat nu reuşesc să caracterizeze robotul decât în mod parţial.

Robotul combină tehnologia mecanică cu cea electronică fiind o componentă evoluată de automatizare care înglobează electronica de tip cibernetic cu sistemele avansate de acţionare pentru a realiza un echipament independent de mare flexibilitate.

Cuvântul "robot" a apărut pentru prima dată în piesa R.U.R. (Robotul Universal al lui Rossum) scrisă de dramaturgul ceh Karel Capek în care autorul parodia cuvantul "robota" (muncă în limba rusă şi corvoadă în limba cehă). În anul 1923 piesa fiind tradusă în limba engleză, cuvântul robot a trecut neschimbat în toate limbile pentru a defini fiinţe umanoide protagoniste ale povestirilor ştiinţifico-fantastice.

Istoria roboticii începe în 1940 cu realizarea manipulatorilor sincroni pentru manevrarea unor obiecte în medii radioactive.

În anul 1954 Kernward din Anglia a brevetat un manipulator cu două braţe.

Conceptul roboţilor industriali a fost stabilit pentru prima oară de George C. Deval care a brevetat în anul 1954 un dispozitiv de transfer automat, dezvoltat în anul 1958 de firma americană Consolidated Control Inc.

În anul 1959 Joseph Engelberger achiziţionează brevetul lui Deval şi realizează în 1960 primul R.I. Unimate în cadrul firmei Unimation Inc.

Epopea roboţilor industriali a început practic în anul 1963 când a fost dat în folosinţă primul robot industrial la uzinele Trenton (S.U.A.), aparţinând companiei General Motors.

Primul succes industrial s-a produs în anul 1968 când în uzina din Lordstown s-a instalat prima linie de sudare a caroseriilor de automobile dotată cu 38 de roboţi Unimate. A rezultat că robotul era cel mai bun automat de sudură în puncte.

Prin asocierea cu firma Kawasaki N.I. în anul 1968, în Japonia a început fabricația de roboți Unimate, implementarea lor în industria automobilelor având loc în 1971 la firma Nissan-Motors.

În același an roboții Unimate pătrund în Italia, echipând linia de sudat caroserii în puncte de la firma FIAT din Torino.

Companiile Unimation și General Motors lansează în 1978 robotul PUMA (Programable Universal Machine for Assembly).

Firma A.S.E.A. din Suedia realizează în 1971 robotul industrial cu acționare electrică Irb6 destinat operațiunilor de sudură cu arc electric.

În anul 1975 firma de mașini unelte Cincinatti Milacron (S.U.A.) realizează o familie de roboți industriali acționați electric T3 (The Tommorow's Tool), astăzi larg răspândiți.

În țara noastră în anul 1980 s-a fabricat primul robot RIP63 la Automatica București după modelul A.S.E.A. iar prima aplicație industrială cu acest robot de sudare în arc electric a unei componente a șasiului unui autobuz a fost realizată în anul 1982 la Autobuzul București. Doi ani mai târziu roboții au fost implementați și la Semănătoarea București. Coordonarea științifică a aparținut colectivului „MEROTEHNICA", de la catedra de „Teoria Mecanismelor și a Roboților" din „Universitatea Politehnica București", sub conducerea regretatului Prof. Christian Pelecudi, părintele roboticii românești și fondatorul SRR (Societatea Română de Robotică), azi ARR (Asociația Română de Robotică). Colectivul TMR a avut după anii 80 colaborări cu firmele nipone (și datorită regretatului Prof. Bogdan Radu, mulți ani ambasador al României în Japonia); au fost aduși și implementați în țară roboți Fanuc (la vremea respectivă de ultimă generație).

Un alt robot indigen este REMT-1 utilizat într-o celulă de fabricație flexibilă la Electromotor Timișoara pentru prelucrarea prin așchiere a arborilor motoarelor electrice. Centrul Universitar Timișoara și-a dezvoltat foarte mult cercetările aplicative (cu micro-producție de roboți industriali) și datorită sprijinului puternic al unor specialiști români de naționalitate germană de care a beneficiat, având contracte de colaborare (în cercetare și producție) chiar și cu Germania. Astăzi la Timișoara se fabrică roboții ROMAT.

Roboții s-au dezvoltat prin creșterea gradului de echipare cu elemente de inteligență artificială. Pentru a culege informațiile unui mediu, roboții s-au dotat cu senzori tactili, de forță, de moment video, etc. Cu ajutorul acestora robotul poate să-și creeze o imagine a mediului în care evoluează, bazându-se pe percepția artificială.

Populația de roboți în 1988 era: 109.000 RI în Japonia, 30.000 RI în SUA, 34.000 RI în Europa de Vest din care 12.900 RI în Germania, 3.000 RI în Rusia. (Aproximativ 190 mii roboți industriali pe glob, iar în 2010 s-a ajuns la circa 10 milioane).

Clasificarea R.I.

JIRA (Japan Industrial Robot Association) clasifica roboții industriali după următoarele criterii:

I.) <u>După informații de intrare și modul de învățare:</u>
1 – manipulator manual, care este acționat direct de om

2 – **robot secvențial**, care are anumiți pași ce ascultă de o procedură predeterminată, care poate fi: fixă sau variabilă după cum aceasta nu poate sau poate fi ușor schimbată.

3 – **robot repetitor (robot play back)** – care este învățat la început procedura de lucru de către om, acesta o memorează iar apoi o repetă de câte ori este nevoie.

4 – **robot cu control numeric** (N. C. robot) – care execută operațiile cerute în conformitate cu informațiile numerice pe care le primește despre poziții, succesiuni de operații și condiții.

5 – **robot inteligent** – este cel care își decide comportamentul pe baza informațiilor primite prin senzorii săi și prin posibilitățile sale de recunoaștere.

<u>Observații:</u>
a) Manipulatoarele simple (grupele 1 și 2) au în general 2-3 grade de libertate, mișcările lor fiind controlate prin diferite dispozitive.
b) Roboții programabili (grupele 3 și 4) au numărul gradelor de libertate mai mare decât 3 fiind independenți de medii adică lipsiți de capacități senzoriale și lucrând în buclă deschisă.
c) Roboții inteligenți sunt dotați cu capacități senzoriale și lucrează în buclă închisă.

II.) <u>După comandă și gradul de dezvoltare al inteligenței artificiale:</u> roboții industriali se clasifică în generații sau nivele:
1 – R.I. din generația 1, acționează pe baza unui program flexibil dar prestabilit de programator și care nu se poate schimba în timpul execuției operațiilor.

2 – R.I. din generația a 2-a se caracterizează prin faptul că programul flexibil prestabilit de programator poate fi modificat în măsură restrânsă în urma unor reacții specifice ale mediului.

3 – R.I. din generația a 3-a posedă capacitatea de a-și adapta singuri cu ajutorul unor dispozitive logice, într-o măsură restrânsă propriul program la condițiile concrete ale mediului ambiant în vederea optimizării operațiilor pe care le execută.

III.) <u>După numărul gradelor de libertate ale mișcării robotului:</u> aceștia pot fi cu 2 până la 6 grade de libertate, la care se adaugă mișcările suplimentare ale dispozitivului de prehensiune (endefectorul), pentru orientarea la prinderea, desprinderea obiectului manipulat, etc.

Cele șase grade de libertate care le poate avea un robot sunt 3 translații de-a lungul axelor de coordonate și trei rotații în jurul acestora.

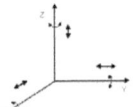

Marea majoritate a roboților construiți până în prezent au 3-5 grade de libertate. Dintre aceștia roboții cu 3 grade de libertate (care au o răspândire de 40,3 %) se împart în patru variante constructive în funcție de mișcările pe care le execută (notate R-rotație și T-translație)

- robot cartezian (TTT) este robotul al cărui braț operează într-un spațiu definit de coordonate carteziene (x,y,z)

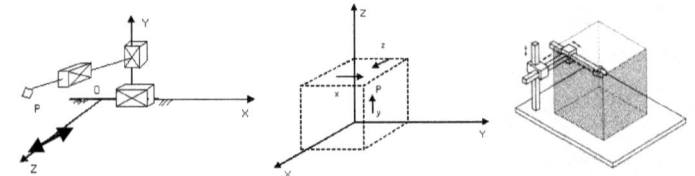

- robot cilindric (RTT) al cărui braț operează într-un spațiu definit de coordonate cilindrice r, α, y

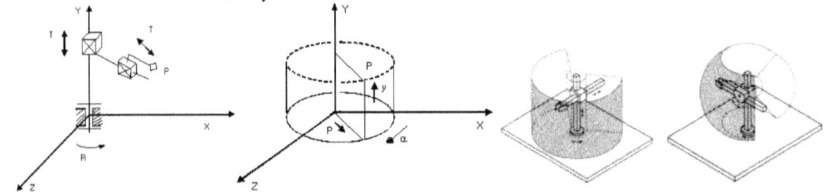

- robot sferic (RRT) a cărui spațiu de lucru este sferic, definit de coordonatele sferice (α, φ, r)

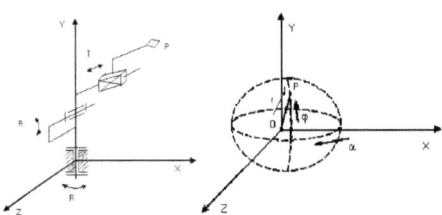

- robot antropomorf (RRR) la care deplasarea piesei se face după exteriorul unei zone sferice. Parametrii care determină poziția brațului fiind coordonatele α, φ, ψ.

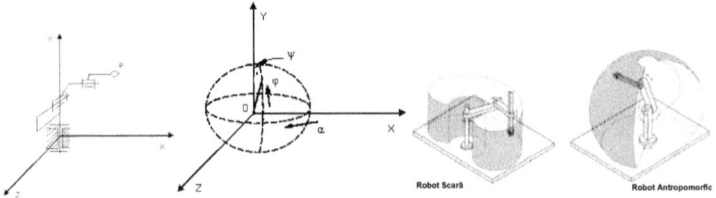

IV.) <u>După existența unor bucle interioare în construcția robotului</u>: aceștia pot fi:
- cu lanț cinematic deschis, ***roboți seriali*** (roboții prezentați până la acest punct);
- cu lanț cinematic închis, care au în structura lor unul sau

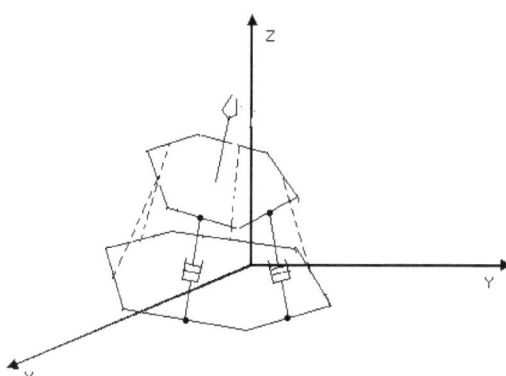

mai multe contururi poligonale închise, fapt care permite realizarea unor spații de lucru de o geometrie mai complicată și conduce la o mai mare rigiditate a sistemului mecanic. Aici sunt cuprinși și ***roboții paraleli.***

Roboți industriali tip "braț articulat" (BA), 4R, 6R

Acest tip de RI are ca mecanism generator de traiectorie un lanț cinematic deschis compus din cuple cinematice de rotație.

Aceștia au o mare suplețe și penetrație în spațiul de lucru. Dezavantajul lor

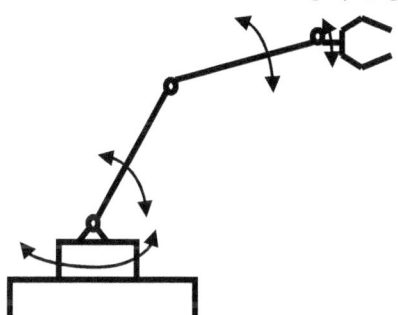

principal îl constituie rigiditatea redusă. Pe acest model s-au dezvoltat în continuare roboții 6R de astăzi (bazați numai pe rotații, utilizând ca acționare numai motoare electrice ușoare, compacte); aceștia au o rigiditate mai mare păstrând totodată penetrația și flexibilitatea modelelor 3R, 4R, și 5R. Aproape toate firmele importante vin astăzi cu modele 6R (pe care le îmbunătățesc în permanență). De ce s-au impus azi aceste modele de roboți (după ce zeci de ani diversitatea a fost cuvântul de ordine?); poate și din nevoia de standardizare, sau de a găsi o soluție comună, după o fragmentare uriașă (oricum nu sunt încă singurii roboți utilizați din categoria serialilor, dar au cea mai largă răspândire). Cele șase rotații (eliminarea totală a translațiilor, care aduc multe dezavantaje datorate cuplei T în sine) fac acționarea mai simplă, mai rapidă, cu randament mai ridicat, mai fiabilă, mai compactă și mai sigură; ele se văd mai clar pe schema din dreapta sus.

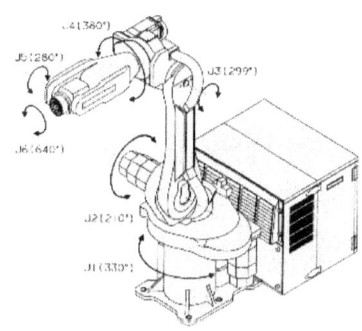

Kawasaki   Romat   FANUC

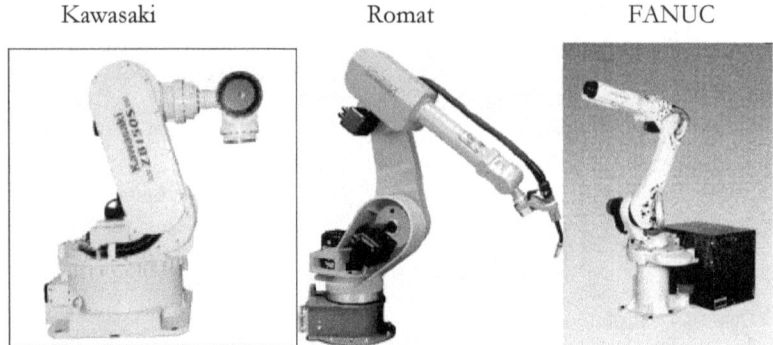

MOTOMAN   KUKA

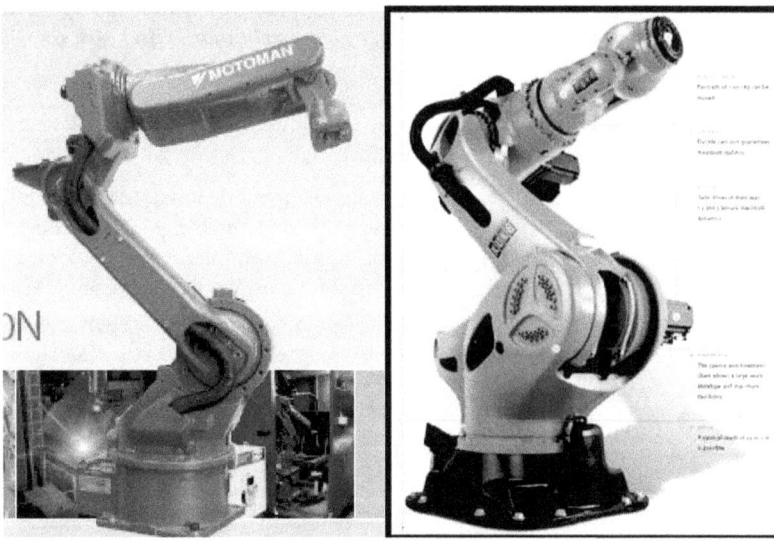

Se mai folosesc azi și celule robotizate pregătite special pentru un anumit tip de operații.

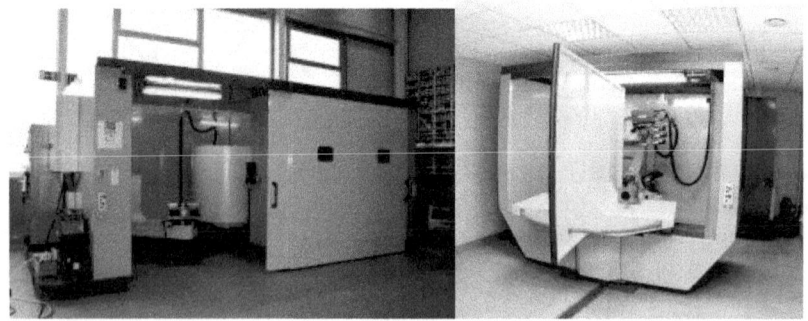

Sisteme paralele

Acestea au pornit relativ recent de la „Platforma Stewart" dar s-au diversificat extrem de rapid.

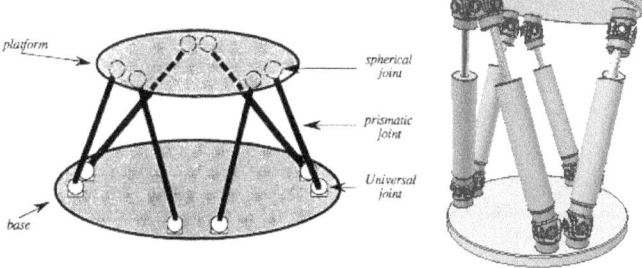

Platforma Stewart se bazează pe două plăci (platforme) plane prinse între ele prin diverse forme de articulații și elemente. Inițial (ca în figura din stânga sus) cuplele din partea inferioară erau articulații cardanice (cuple de clasa a patra C_4), iar cuplele din partea superioară erau sferice (cuple de clasa a treia); în total șase elemente de legătură și 12 cuple. (Dreapta avem numai C_4).

Analiza comparativă a roboților

Primul pas constă în determinarea mișcărilor elementelor componente ale traiectoriei impuse endefectorului. Se trece apoi la optimizarea traiectoriei folosind următorul set de reguli simple :

- minimizarea numărului de orientări ale dispozitivului de prehensiune în scopul reducerii numărului de cuple cinematice necesare și în general a gradului de complexitate al robotului industrial; - reducerea la maximum a greutății obiectului manipulat; - reducerea volumului spațiului de lucru; - alegerea structurii cu cel mai scăzut consum energetic în scopul micșorării costurilor; - simplificarea sistemului de programare; (de exemplu alegerea sistemului punct cu punct în locul controlului continuu al traiectoriei, acolo unde este posibil); - minimizarea numărului de senzori; - folosirea la maximum a posibilităților existente în scopul reducerii costului robotului și a timpului necesar îndeplinirii misiunii.

Cap 02_Geometria şi cinematica directă la MP-3R

Cinematica manipulatoarelor şi roboţilor seriali se va exemplifica pentru modelul cinematic 3R (vezi figura 01), sistem cu dificultate medie, ideal pentru înţelegerea fenomenului propriuzis dar şi pentru precizarea cunoştinţelor de bază necesare antamării calculelor şi pentru sisteme mai simple şi sau mai complexe.

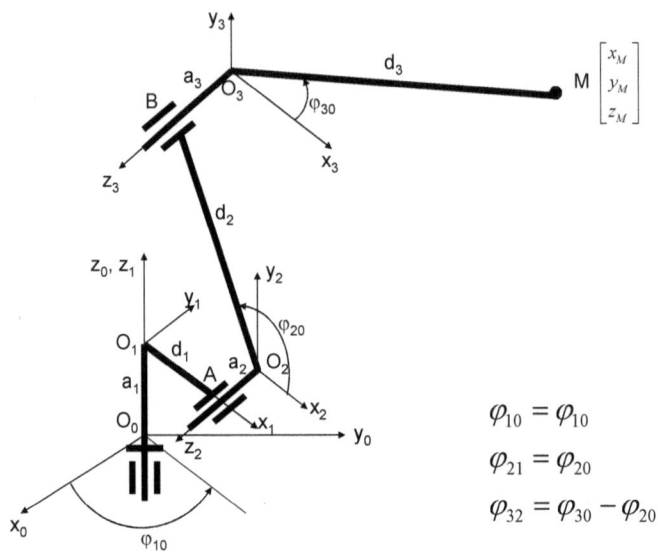

$$\varphi_{10} = \varphi_{10}$$

$$\varphi_{21} = \varphi_{20}$$

$$\varphi_{32} = \varphi_{30} - \varphi_{20}$$

Fig. 1. Geometria şi cinematica unui MP-3R

Sistemul fix de coordonate a fost notat cu $x_0 O_0 y_0 z_0$. Sistemele mobile legate (rigidizate) de cele trei elemente mobile (1, 2, 3) au indicii 1, 2 respectiv 3. Orientarea lor a fost aleasă convenabil dar se puteau alege şi alte orientări. Parametrii cinematici cunoscuţi (de intrare) în cinematica directă sunt unghiurile de rotaţie absolută a celor trei elemente mobile: φ_{10}, φ_{20}, φ_{30}, unghiuri legate de rotaţia celor trei actuatori (motoare electrice) montaţi în cuplele cinematice de rotaţie. Parametrii de determinat (de ieşire) sunt cele trei coordonate absolute x_M, y_M, z_M ale punctului M, adică parametrii cinematici (coordonatele) endeffectorului (elementului de acţionare (final), care poate fi o mână de apucat, un vârf de lipit, vopsit, tăiat, etc...).

Pentru început se scrie matricea vector (A_{01}) de schimbare a coordonatelor originii sistemului de coordonate, prin translatarea din O_0 în O_1, axele rămân paralele cu ele însăşi în permanenţă:

$$A_{01} = \begin{bmatrix} 0 \\ 0 \\ a_1 \end{bmatrix} \qquad (1)$$

În continuare se scrie matricea T_{01} de rotație a sistemului $x_1 O_1 y_1 z_1$ față de sistemul $x_0 O_0 y_0 z_0$, (aceasta este o matrice pătrată 3x3).

$$T_{01} = \begin{bmatrix} \alpha_x & \beta_x & \gamma_x \\ \alpha_y & \beta_y & \gamma_y \\ \alpha_z & \beta_z & \gamma_z \end{bmatrix} = \begin{bmatrix} \cos \varphi_{10} & -\sin \varphi_{10} & 0 \\ \sin \varphi_{10} & \cos \varphi_{10} & 0 \\ 0 & 0 & 1 \end{bmatrix} \qquad (2)$$

Pe prima coloană (aparținând coordonatelor lui $O_1 x_1$) se trec coordonatele versorului lui $O_1 x_1$ față de axele vechiului sistem $x_0 O_0 y_0 z_0$; practic e vorba de proiecțiile versorului lui $O_1 x_1$ pe axele vechiului sistem $x_0 O_0 y_0 z_0$ de coordonate translatat în O_1 (dar nerotit; apare astfel doar rotația efectivă, fără translație).

$$\begin{bmatrix} \alpha_x \\ \alpha_y \\ \alpha_z \end{bmatrix} \qquad (3)$$

Pe a doua coloană a matricei T_{01} se trec coordonatele versorului axei $O_1 y_1$ față de axele vechiului sistem $x_0 O_0 y_0 z_0$ translatat în O_1 fără rotație (practic e vorba de coordonatele acestui versor față de vechile axe de referință translatate dar nerotite).

$$\begin{bmatrix} \beta_x \\ \beta_y \\ \beta_z \end{bmatrix} \qquad (4)$$

Pe a treia coloană a matricei T_{01} se trec coordonatele versorului axei $O_1 z_1$ față de axele vechiului sistem $x_0 O_0 y_0 z_0$ translatat în O_1 fără rotație (practic e vorba de coordonatele acestui versor față de vechile axe de referință translatate dar nerotite).

$$\begin{bmatrix} \gamma_x \\ \gamma_y \\ \gamma_z \end{bmatrix} \qquad (5)$$

În cazul ales, versorul lui O_1x_1 (versorul are întotdeauna modulul 1) are față de vechiul sistem de axe $x_0O_0y_0z_0$ translatat în O_1 fără rotație următoarele coordonate:

$$\begin{bmatrix} \alpha_x = 1 \cdot \cos\varphi_{10} = \cos\varphi_{10} \\ \alpha_y = 1 \cdot \sin\varphi_{10} = \sin\varphi_{10} \\ \alpha_z = 1 \cdot \cos 90^0 = 1 \cdot 0 = 0 \end{bmatrix} \qquad (6)$$

Versorul lui O_1y_1 are față de vechiul sistem de axe $x_0O_0y_0z_0$ translatat în O_1 fără rotație următoarele coordonate:

$$\begin{bmatrix} \beta_x = -1 \cdot \sin\varphi_{10} = -\sin\varphi_{10} \\ \beta_y = 1 \cdot \cos\varphi_{10} = \cos\varphi_{10} \\ \beta_z = 1 \cdot \cos 90^0 = 1 \cdot 0 = 0 \end{bmatrix} \qquad (7)$$

Versorul lui O_1z_1 are față de vechiul sistem de axe $x_0O_0y_0z_0$ translatat în O_1 fără rotație următoarele coordonate:

$$\begin{bmatrix} \gamma_x = 1 \cdot \cos 90^0 = 1 \cdot 0 = 0 \\ \gamma_y = 1 \cdot \cos 90^0 = 1 \cdot 0 = 0 \\ \gamma_z = 1 \cdot \cos 0^0 = 1 \cdot 1 = 1 \end{bmatrix} \qquad (8)$$

A se vedea matricea T_{01} obținută (relația 2).

Trecerea de la sistemul $x_1O_1y_1z_1$ la sistemul de coordonate $x_2O_2y_2z_2$ se face în două etape distincte. Prima este o translație a întregului sistem astfel încât (axele fiind paralele cu ele însăși) central O_1 să se deplaseze în O_2; apoi urmează etapa a doua în care are loc o rotație a sistemului axele rotindu-se iar centrul O rămânând în permanență fix. Translația sistemului de la 1 la 2 se marchează prin matricea de tip vector coloană A_{12}.

$$A_{12} = \begin{bmatrix} d_1 \\ a_2 \\ 0 \end{bmatrix} \qquad (9)$$

Pe vechea axă O_1x_1, O_2 s-a translatat cu d_1, pe axa O_1y_1, O_2 s-a translatat cu a_2, iar pe axa O_1z_1, O_2 nu a suferit nici o translație.

Versorul lui O_2x_2 are față de sistemul $x_1O_1y_1z_1$ (translatat, dar nu și rotit) coordonatele:

$$\alpha_x = 1; \quad \alpha_y = 0; \quad \alpha_z = 0 \qquad (10)$$

Versorul lui O_2y_2 are față de sistemul $x_1O_1y_1z_1$ translatat în O_2 (nu și rotit) coordonatele:

$$\beta_x = 0; \quad \beta_y = 0; \quad \beta_z = 1 \tag{11}$$

Deoarece acum O_2y_2 a luat locul axei O_1z_1.

Versorul lui O_2z_2 are față de sistemul $x_1O_1y_1z_1$ translatat în O_2 (nu și rotit) coordonatele:

$$\gamma_x = 0; \quad \gamma_y = -1; \quad \gamma_z = 0 \tag{12}$$

Deoarece axa O_2z_2 a luat locul axei O_1y_1 fiind însă de sens opus ei.

Matricea pătrată de transfer (de rotație) se scrie:

$$T_{12} = \begin{bmatrix} \alpha_x & \beta_x & \gamma_x \\ \alpha_y & \beta_y & \gamma_y \\ \alpha_z & \beta_z & \gamma_z \end{bmatrix} = \begin{bmatrix} 1 & 0 & 0 \\ 0 & 0 & -1 \\ 0 & 1 & 0 \end{bmatrix} \tag{13}$$

Trecerea de la sistemul $x_2O_2y_2z_2$ la sistemul de coordonate $x_3O_3y_3z_3$ se face tot în două etape distinct, o translație și o rotație.

O_2 translatează în O_3 (axele păstrându-se paralele cu ele însăși).

$$A_{23} = \begin{bmatrix} d_2 \cdot \cos \varphi_{20} \\ d_2 \cdot \sin \varphi_{20} \\ -a_3 \end{bmatrix} \tag{14}$$

Apoi O_3 stă pe loc și axele se rotesc. Versorul lui O_3x_3 are față de sistemul de axe $x_2O_2y_2z_2$ translatat în O_3 (nerotit) coordonatele α:

$$\alpha_x = 1; \quad \alpha_y = 0; \quad \alpha_z = 0 \tag{15}$$

Versorul lui O_3y_3 are față de sistemul de axe $x_2O_2y_2z_2$ translatat în O_3 (nerotit) coordonatele β:

$$\beta_x = 0; \quad \beta_y = 1; \quad \beta_z = 0 \tag{16}$$

Versorul lui O_3z_3 are față de sistemul de axe $x_2O_2y_2z_2$ translatat în O_3 (nerotit) coordonatele γ:

$$\gamma_x = 0; \quad \gamma_y = 0; \quad \gamma_z = 1 \tag{17}$$

Practic sistemul $x_3O_3y_3z_3$ nu s-a rotit absolut deloc față de sistemul $x_2O_2y_2z_2$ (de la 2 la 3 a avut loc doar o translație). Matricea de rotație în acest caz este matricea unitate.

$$T_{23} = \begin{bmatrix} \alpha_x & \beta_x & \gamma_x \\ \alpha_y & \beta_y & \gamma_y \\ \alpha_z & \beta_z & \gamma_z \end{bmatrix} = \begin{bmatrix} 1 & 0 & 0 \\ 0 & 1 & 0 \\ 0 & 0 & 1 \end{bmatrix} \tag{18}$$

Matricea vector (coloană) care poziționează punctul M în sistemul de coordonate $x_3O_3y_3z_3$ se scrie:

$$X_{3M} = \begin{bmatrix} x_{3M} \\ y_{3M} \\ z_{3M} \end{bmatrix} = \begin{bmatrix} d_3 \cdot \cos\varphi_{30} \\ d_3 \cdot \sin\varphi_{30} \\ 0 \end{bmatrix} \tag{19}$$

Coordonatele punctului M în sistemul (2) $x_2O_2y_2z_2$ (adică față de el) se obțin printr-o transformare matriceală de forma:

$$X_{2M} = A_{23} + T_{23} \cdot X_{3M} \tag{20}$$

Se efectuează întâi produsul matricelor:

$$T_{23} \cdot X_{3M} = \begin{bmatrix} 1 & 0 & 0 \\ 0 & 1 & 0 \\ 0 & 0 & 1 \end{bmatrix} \cdot \begin{bmatrix} d_3 \cdot \cos\varphi_{30} \\ d_3 \cdot \sin\varphi_{30} \\ 0 \end{bmatrix} = \begin{bmatrix} d_3 \cdot \cos\varphi_{30} \\ d_3 \cdot \sin\varphi_{30} \\ 0 \end{bmatrix} \tag{21}$$

Se calculează apoi X_{2M}.

$$X_{2M} = A_{23} + T_{23} \cdot X_{3M} = \begin{bmatrix} d_2 \cdot \cos \varphi_{20} \\ d_2 \cdot \sin \varphi_{20} \\ -a_3 \end{bmatrix} + \begin{bmatrix} d_3 \cdot \cos \varphi_{30} \\ d_3 \cdot \sin \varphi_{30} \\ 0 \end{bmatrix} =$$

$$= \begin{bmatrix} d_2 \cdot \cos \varphi_{20} + d_3 \cdot \cos \varphi_{30} \\ d_2 \cdot \sin \varphi_{20} + d_3 \cdot \sin \varphi_{30} \\ -a_3 \end{bmatrix} \tag{22}$$

Coordonatele punctului M în (față de) sistemul (1) $x_1 O_1 y_1 z_1$ se obțin astfel:

$$X_{1M} = A_{12} + T_{12} \cdot X_{2M} \tag{23}$$

$$T_{12} \cdot X_{2M} = \begin{bmatrix} 1 & 0 & 0 \\ 0 & 0 & -1 \\ 0 & 1 & 0 \end{bmatrix} \cdot \begin{bmatrix} d_2 \cdot \cos \varphi_{20} + d_3 \cdot \cos \varphi_{30} \\ d_2 \cdot \sin \varphi_{20} + d_3 \cdot \sin \varphi_{30} \\ -a_3 \end{bmatrix} =$$

$$= \begin{bmatrix} d_2 \cdot \cos \varphi_{20} + d_3 \cdot \cos \varphi_{30} \\ a_3 \\ d_2 \cdot \sin \varphi_{20} + d_3 \cdot \sin \varphi_{30} \end{bmatrix} \tag{24}$$

$$X_{1M} = A_{12} + T_{12} \cdot X_{2M} = \begin{bmatrix} d_1 \\ a_2 \\ 0 \end{bmatrix} + \begin{bmatrix} d_2 \cdot \cos \varphi_{20} + d_3 \cdot \cos \varphi_{30} \\ a_3 \\ d_2 \cdot \sin \varphi_{20} + d_3 \cdot \sin \varphi_{30} \end{bmatrix} =$$

$$= \begin{bmatrix} d_1 + d_2 \cdot \cos \varphi_{20} + d_3 \cdot \cos \varphi_{30} \\ a_2 + a_3 \\ d_2 \cdot \sin \varphi_{20} + d_3 \cdot \sin \varphi_{30} \end{bmatrix} \tag{25}$$

Coordonatele punctului M în sistemul fix $x_0 O_0 y_0 z_0$ se scriu:

$$X_{0M} = A_{01} + T_{01} \cdot X_{1M} \tag{26}$$

$$T_{01} \cdot X_{1M} = \begin{bmatrix} \cos \varphi_{10} & -\sin \varphi_{10} & 0 \\ \sin \varphi_{10} & \cos \varphi_{10} & 0 \\ 0 & 0 & 1 \end{bmatrix} \cdot \begin{bmatrix} d_1 + d_2 \cdot \cos \varphi_{20} + d_3 \cdot \cos \varphi_{30} \\ a_2 + a_3 \\ d_2 \cdot \sin \varphi_{20} + d_3 \cdot \sin \varphi_{30} \end{bmatrix} \tag{27}$$

$$T_{01} \cdot X_{1M} = \begin{bmatrix} (d_1 + d_2 \cdot \cos \varphi_{20} + d_3 \cdot \cos \varphi_{30}) \cdot \cos \varphi_{10} - (a_2 + a_3) \cdot \sin \varphi_{10} \\ (d_1 + d_2 \cdot \cos \varphi_{20} + d_3 \cdot \cos \varphi_{30}) \cdot \sin \varphi_{10} + (a_2 + a_3) \cdot \cos \varphi_{10} \\ d_2 \cdot \sin \varphi_{20} + d_3 \cdot \sin \varphi_{30} \end{bmatrix} \tag{27'}$$

$$X_{0M} = A_{01} + T_{01} \cdot X_{1M} =$$
$$= \begin{bmatrix} 0 \\ 0 \\ a_1 \end{bmatrix} + \begin{bmatrix} (d_1 + d_2 \cdot \cos \varphi_{20} + d_3 \cdot \cos \varphi_{30}) \cdot \cos \varphi_{10} - (a_2 + a_3) \cdot \sin \varphi_{10} \\ (d_1 + d_2 \cdot \cos \varphi_{20} + d_3 \cdot \cos \varphi_{30}) \cdot \sin \varphi_{10} + (a_2 + a_3) \cdot \cos \varphi_{10} \\ d_2 \cdot \sin \varphi_{20} + d_3 \cdot \sin \varphi_{30} \end{bmatrix} = \tag{28}$$
$$= \begin{bmatrix} (d_1 + d_2 \cdot \cos \varphi_{20} + d_3 \cdot \cos \varphi_{30}) \cdot \cos \varphi_{10} - (a_2 + a_3) \cdot \sin \varphi_{10} \\ (d_1 + d_2 \cdot \cos \varphi_{20} + d_3 \cdot \cos \varphi_{30}) \cdot \sin \varphi_{10} + (a_2 + a_3) \cdot \cos \varphi_{10} \\ a_1 + d_2 \cdot \sin \varphi_{20} + d_3 \cdot \sin \varphi_{30} \end{bmatrix}$$

X_{0M} se pune sub forma:

$$X_{0M} = \begin{bmatrix} x_M \\ y_M \\ z_M \end{bmatrix} = \tag{29}$$
$$\begin{bmatrix} d_1 \cdot \cos \varphi_{10} - a_2 \cdot \sin \varphi_{10} + d_2 \cdot \cos \varphi_{20} \cdot \cos \varphi_{10} - a_3 \cdot \sin \varphi_{10} + d_3 \cdot \cos \varphi_{30} \cdot \cos \varphi_{10} \\ d_1 \cdot \sin \varphi_{10} + a_2 \cdot \cos \varphi_{10} + d_2 \cdot \cos \varphi_{20} \cdot \sin \varphi_{10} + a_3 \cdot \cos \varphi_{10} + d_3 \cdot \cos \varphi_{30} \cdot \sin \varphi_{10} \\ a_1 + d_2 \cdot \sin \varphi_{20} + d_3 \cdot \sin \varphi_{30} \end{bmatrix}$$

Aceleași calcule vor fi urmărite în continuare printr-o metodă directă, având în vedere calculele matriciale.

$$X_{0M} = A_{01} + T_{01} \cdot X_{1M} = A_{01} + T_{01} \cdot (A_{12} + T_{12} \cdot X_{2M}) =$$
$$= A_{01} + T_{01} \cdot A_{12} + T_{01} \cdot T_{12} \cdot X_{2M} = A_{01} + T_{01} \cdot A_{12} + T_{01} \cdot T_{12} \cdot (A_{23} + T_{23} \cdot X_{3M}) = \qquad (30)$$
$$= A_{01} + T_{01} \cdot A_{12} + T_{01} \cdot T_{12} \cdot A_{23} + T_{01} \cdot T_{12} \cdot T_{23} \cdot X_{3M}$$

Se reține relația:

$$X_{0M} = A_{01} + T_{01} \cdot A_{12} + T_{01} \cdot T_{12} \cdot A_{23} + T_{01} \cdot T_{12} \cdot T_{23} \cdot X_{3M} \qquad (30')$$

Se efectuează produsele matriciale din expresia (30') aceasta rămânând sub forma unei sume de matrice.

$$T_{01} \cdot A_{12} = \begin{bmatrix} \cos\varphi_{10} & -\sin\varphi_{10} & 0 \\ \sin\varphi_{10} & \cos\varphi_{10} & 0 \\ 0 & 0 & 1 \end{bmatrix} \cdot \begin{bmatrix} d_1 \\ a_2 \\ 0 \end{bmatrix} = \begin{bmatrix} d_1 \cdot \cos\varphi_{10} - a_2 \cdot \sin\varphi_{10} \\ d_1 \cdot \sin\varphi_{10} + a_2 \cdot \cos\varphi_{10} \\ 0 \end{bmatrix} \qquad (31)$$

$$T_{01} \cdot T_{12} = \begin{bmatrix} \cos\varphi_{10} & -\sin\varphi_{10} & 0 \\ \sin\varphi_{10} & \cos\varphi_{10} & 0 \\ 0 & 0 & 1 \end{bmatrix} \cdot \begin{bmatrix} 1 & 0 & 0 \\ 0 & 0 & -1 \\ 0 & 1 & 0 \end{bmatrix} = \begin{bmatrix} \cos\varphi_{10} & 0 & \sin\varphi_{10} \\ \sin\varphi_{10} & 0 & -\cos\varphi_{10} \\ 0 & 1 & 0 \end{bmatrix} \qquad (32)$$

$$T_{01} \cdot T_{12} \cdot A_{23} = \begin{bmatrix} \cos\varphi_{10} & 0 & \sin\varphi_{10} \\ \sin\varphi_{10} & 0 & -\cos\varphi_{10} \\ 0 & 1 & 0 \end{bmatrix} \cdot \begin{bmatrix} d_2 \cdot \cos\varphi_{20} \\ d_2 \cdot \sin\varphi_{20} \\ -a_3 \end{bmatrix} =$$

$$= \begin{bmatrix} d_2 \cdot \cos\varphi_{10} \cdot \cos\varphi_{20} - a_3 \cdot \sin\varphi_{10} \\ d_2 \cdot \sin\varphi_{10} \cdot \cos\varphi_{20} + a_3 \cdot \cos\varphi_{10} \\ d_2 \cdot \sin\varphi_{20} \end{bmatrix} \qquad (33)$$

$$T_{01} \cdot T_{12} \cdot T_{23} = \begin{bmatrix} \cos\varphi_{10} & 0 & \sin\varphi_{10} \\ \sin\varphi_{10} & 0 & -\cos\varphi_{10} \\ 0 & 1 & 0 \end{bmatrix} \cdot \begin{bmatrix} 1 & 0 & 0 \\ 0 & 1 & 0 \\ 0 & 0 & 1 \end{bmatrix} =$$

$$= \begin{bmatrix} \cos\varphi_{10} & 0 & \sin\varphi_{10} \\ \sin\varphi_{10} & 0 & -\cos\varphi_{10} \\ 0 & 1 & 0 \end{bmatrix} \qquad (34)$$

$$T_{01} \cdot T_{12} \cdot T_{23} \cdot X_{3M} = \begin{bmatrix} \cos\varphi_{10} & 0 & \sin\varphi_{10} \\ \sin\varphi_{10} & 0 & -\cos\varphi_{10} \\ 0 & 1 & 0 \end{bmatrix} \cdot \begin{bmatrix} d_3 \cdot \cos\varphi_{30} \\ d_3 \cdot \sin\varphi_{30} \\ 0 \end{bmatrix} =$$

$$= \begin{bmatrix} d_3 \cdot \cos\varphi_{10} \cdot \cos\varphi_{30} \\ d_3 \cdot \sin\varphi_{10} \cdot \cos\varphi_{30} \\ d_3 \cdot \sin\varphi_{30} \end{bmatrix} \qquad (35)$$

$$X_{0M} = \begin{bmatrix} 0 \\ 0 \\ a_1 \end{bmatrix} + \begin{bmatrix} d_1 \cdot \cos\varphi_{10} - a_2 \cdot \sin\varphi_{10} \\ d_1 \cdot \sin\varphi_{10} + a_2 \cdot \cos\varphi_{10} \\ 0 \end{bmatrix} + \begin{bmatrix} d_2 \cdot \cos\varphi_{10} \cdot \cos\varphi_{20} - a_3 \cdot \sin\varphi_{10} \\ d_2 \cdot \sin\varphi_{10} \cdot \cos\varphi_{20} + a_3 \cdot \cos\varphi_{10} \\ d_2 \cdot \sin\varphi_{20} \end{bmatrix} +$$

$$+ \begin{bmatrix} d_3 \cdot \cos\varphi_{10} \cdot \cos\varphi_{30} \\ d_3 \cdot \sin\varphi_{10} \cdot \cos\varphi_{30} \\ d_3 \cdot \sin\varphi_{30} \end{bmatrix} = \begin{bmatrix} x_M \\ y_M \\ z_M \end{bmatrix} = \qquad (36)$$

$$= \begin{bmatrix} d_1 \cdot \cos\varphi_{10} - a_2 \cdot \sin\varphi_{10} + d_2 \cdot \cos\varphi_{20} \cdot \cos\varphi_{10} - a_3 \cdot \sin\varphi_{10} + d_3 \cdot \cos\varphi_{30} \cdot \cos\varphi_{10} \\ d_1 \cdot \sin\varphi_{10} + a_2 \cdot \cos\varphi_{10} + d_2 \cdot \cos\varphi_{20} \cdot \sin\varphi_{10} + a_3 \cdot \cos\varphi_{10} + d_3 \cdot \cos\varphi_{30} \cdot \sin\varphi_{10} \\ a_1 + d_2 \cdot \sin\varphi_{20} + d_3 \cdot \sin\varphi_{30} \end{bmatrix}$$

20

Prin cinematica directă se obțin coordonatele carteziene x_M, y_M, z_M ale punctului M (endeffectorul) în funcție de cele trei deplasări unghiulare independente φ_{10}, φ_{20}, φ_{30}, obținute cu ajutorul actuatorilor.

$$\begin{cases} x_M = f_x(\varphi_{10},\ \varphi_{20},\ \varphi_{30}) \\ y_M = f_y(\varphi_{10},\ \varphi_{20},\ \varphi_{30}) \\ z_M = f_z(\varphi_{10},\ \varphi_{20},\ \varphi_{30}) \end{cases} \tag{37}$$

$$\begin{cases} x_M = d_1 \cdot \cos\varphi_{10} - a_2 \cdot \sin\varphi_{10} + d_2 \cdot \cos\varphi_{20} \cdot \cos\varphi_{10} - a_3 \cdot \sin\varphi_{10} + d_3 \cdot \cos\varphi_{30} \cdot \cos\varphi_{10} \\ y_M = d_1 \cdot \sin\varphi_{10} + a_2 \cdot \cos\varphi_{10} + d_2 \cdot \cos\varphi_{20} \cdot \sin\varphi_{10} + a_3 \cdot \cos\varphi_{10} + d_3 \cdot \cos\varphi_{30} \cdot \sin\varphi_{10} \\ z_M = a_1 + d_2 \cdot \sin\varphi_{20} + d_3 \cdot \sin\varphi_{30} \end{cases} \tag{38}$$

Calculele se fac cu deplasările unghiulare absolute, dar deplasările actuatorilor nu coincid toate cu cele independente. Ele se determină astfel:

$$\begin{aligned} \varphi_{10} &= \varphi_{10} \\ \varphi_{21} &= \varphi_{20} \\ \varphi_{32} &= \varphi_{30} - \varphi_{20} \end{aligned} \tag{39}$$

Primele două rotații relative ale actuatorilor coincid cu rotațiile independente (utilizate în calcule), dar a treia rotație relativă a ultimului actuator se obține ca o diferență între două rotații absolute.

Vitezele și accelerațiile se obțin prin derivarea relațiilor (38) cu timpul.

Cap 03_Geometria şi cinematica directă
la MP-3R cu ajutorul operatorilor 4x4

Cinematica manipulatoarelor şi roboţilor seriali se va exemplifica pentru modelul cinematic 3R (vezi figura 01).

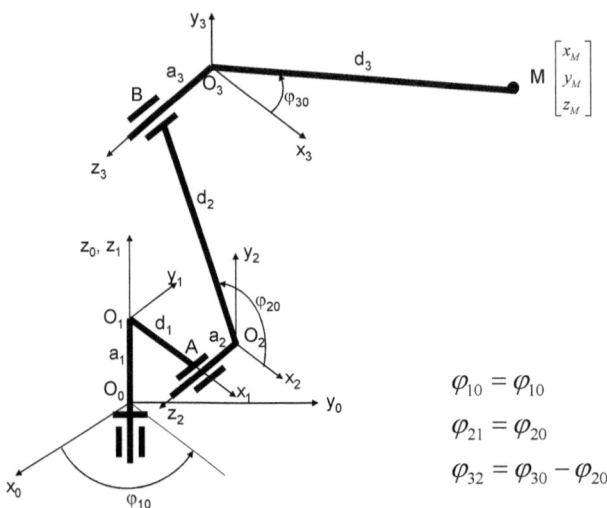

$$\varphi_{10} = \varphi_{10}$$
$$\varphi_{21} = \varphi_{20}$$
$$\varphi_{32} = \varphi_{30} - \varphi_{20}$$

Fig. 1. Geometria şi cinematica unui MP-3R

Sistemul fix de coordonate a fost notat cu $x_0 O_0 y_0 z_0$. Sistemele mobile legate (rigidizate) de cele trei elemente mobile (1, 2, 3) au indicii 1, 2 respectiv 3. Orientarea lor a fost aleasă convenabil. Parametrii cinematici cunoscuţi (de intrare) în cinematica directă sunt unghiurile de rotaţie absolută a celor trei elemente mobile: φ_{10}, φ_{20}, φ_{30}, unghiuri legate de rotaţia celor trei actuatori (motoare electrice) montaţi în cuplele cinematice de rotaţie. Parametrii de determinat (de ieşire) sunt cele trei coordonate absolute x_M, y_M, z_M ale punctului M, adică parametrii cinematici (coordonatele) endeffectorului (elementului de acţionare (final), care poate fi o mână de apucat, un vârf de lipit, vopsit, tăiat, etc...).

Matricile 3x3 se transforma în 4x4 (e vorba de un operator matematic) prin adaugarea a doi vectori zero (formati din trei elemente 0), unul linie şi altul coloană, şi adăugarea şi a unui element 1 pe diagonala principală (ultimul element). Matricea T_{01} îmbrăcată devine $T_{01}{}^4$.

$$T_{01} = \begin{bmatrix} \alpha_x & \beta_x & \gamma_x \\ \alpha_y & \beta_y & \gamma_y \\ \alpha_z & \beta_z & \gamma_z \end{bmatrix} = \begin{bmatrix} \cos\varphi_{10} & -\sin\varphi_{10} & 0 \\ \sin\varphi_{10} & \cos\varphi_{10} & 0 \\ 0 & 0 & 1 \end{bmatrix} \Rightarrow$$

$$\Rightarrow T_{01}^4 = \begin{bmatrix} \alpha_x & \beta_x & \gamma_x & 0 \\ \alpha_y & \beta_y & \gamma_y & 0 \\ \alpha_z & \beta_z & \gamma_z & 0 \\ 0 & 0 & 0 & 1 \end{bmatrix} = \begin{bmatrix} \cos\varphi_{10} & -\sin\varphi_{10} & 0 & 0 \\ \sin\varphi_{10} & \cos\varphi_{10} & 0 & 0 \\ 0 & 0 & 1 & 0 \\ 0 & 0 & 0 & 1 \end{bmatrix}$$

$$(1)$$

Matricea de tip vector coloană (formată din trei elemente) suferă o transformare minimă primind un al patrulea element de valoare fixă 1, pentru cazul utilizării ei doar la produse de matrice.

Forma comodă a matricii A_{12} este $A_{12}{}^c$.

$$A_{12} = \begin{bmatrix} d_1 \\ a_2 \\ 0 \end{bmatrix} \Rightarrow A_{12}^c = \begin{bmatrix} d_1 \\ a_2 \\ 0 \\ 1 \end{bmatrix} \tag{2}$$

Produsul rezultat este tot un vector coloană 4x1:

$$T_{01}^4 \cdot A_{12}^c = \begin{bmatrix} \cos\varphi_{10} & -\sin\varphi_{10} & 0 & 0 \\ \sin\varphi_{10} & \cos\varphi_{10} & 0 & 0 \\ 0 & 0 & 1 & 0 \\ 0 & 0 & 0 & 1 \end{bmatrix} \cdot \begin{bmatrix} d_1 \\ a_2 \\ 0 \\ 1 \end{bmatrix} = \begin{bmatrix} d_1 \cdot \cos\varphi_{10} - a_2 \cdot \sin\varphi_{10} \\ d_1 \cdot \sin\varphi_{10} + a_2 \cdot \cos\varphi_{10} \\ 0 \\ 1 \end{bmatrix} \tag{3}$$

Când matricile vector se înmulțesc este suficientă transformarea lor în operatorul matematic vector coloană 4x1. Dacă însă o matrice vector trebuie să se adune pentru transformarea sumei (din spațiul cu 3 dimensiuni 3x3 ori 3x1) într-o operație de înmulțire (produs, în spațiul cu 4 dimensiuni 4x4 sau 4x1) de matrici, nu se mai admit forme 4x1 ci doar 4x4.

$$T_{01}^4 \cdot T_{12}^4 = \begin{bmatrix} \cos\varphi_{10} & -\sin\varphi_{10} & 0 & 0 \\ \sin\varphi_{10} & \cos\varphi_{10} & 0 & 0 \\ 0 & 0 & 1 & 0 \\ 0 & 0 & 0 & 1 \end{bmatrix} \cdot \begin{bmatrix} 1 & 0 & 0 & 0 \\ 0 & 0 & -1 & 0 \\ 0 & 1 & 0 & 0 \\ 0 & 0 & 0 & 1 \end{bmatrix} = \tag{4}$$

$$= \begin{bmatrix} \cos\varphi_{10} & 0 & \sin\varphi_{10} & 0 \\ \sin\varphi_{10} & 0 & -\cos\varphi_{10} & 0 \\ 0 & 1 & 0 & 0 \\ 0 & 0 & 0 & 1 \end{bmatrix}$$

$$T_{01}^4 \cdot T_{12}^4 \cdot A_{23}^c = \begin{bmatrix} \cos\varphi_{10} & 0 & \sin\varphi_{10} & 0 \\ \sin\varphi_{10} & 0 & -\cos\varphi_{10} & 0 \\ 0 & 1 & 0 & 0 \\ 0 & 0 & 0 & 1 \end{bmatrix} \cdot \begin{bmatrix} d_2 \cdot \cos\varphi_{20} \\ d_2 \cdot \sin\varphi_{20} \\ -a_3 \\ 1 \end{bmatrix} = \tag{5}$$

$$= \begin{bmatrix} d_2 \cdot \cos\varphi_{10} \cdot \cos\varphi_{20} - a_3 \cdot \sin\varphi_{10} \\ d_2 \cdot \sin\varphi_{10} \cdot \sin\varphi_{20} + a_3 \cdot \cos\varphi_{10} \\ d_2 \cdot \sin\varphi_{20} \\ 1 \end{bmatrix}$$

$$T_{01}^4 \cdot T_{12}^4 \cdot T_{23}^4 = \begin{bmatrix} \cos\varphi_{10} & 0 & \sin\varphi_{10} & 0 \\ \sin\varphi_{10} & 0 & -\cos\varphi_{10} & 0 \\ 0 & 1 & 0 & 0 \\ 0 & 0 & 0 & 1 \end{bmatrix} \cdot \begin{bmatrix} 1 & 0 & 0 & 0 \\ 0 & 1 & 0 & 0 \\ 0 & 0 & 1 & 0 \\ 0 & 0 & 0 & 1 \end{bmatrix} \tag{6}$$

$$
T_{01}^4 \cdot T_{12}^4 \cdot T_{23}^4 =
\begin{bmatrix}
\cos\varphi_{10} & 0 & \sin\varphi_{10} & 0 \\
\sin\varphi_{10} & 0 & -\cos\varphi_{10} & 0 \\
0 & 1 & 0 & 0 \\
0 & 0 & 0 & 1
\end{bmatrix}
\tag{6'}
$$

$$
T_{01}^4 \cdot T_{12}^4 \cdot T_{23}^4 \cdot X_{3M}^c =
\begin{bmatrix}
\cos\varphi_{10} & 0 & \sin\varphi_{10} & 0 \\
\sin\varphi_{10} & 0 & -\cos\varphi_{10} & 0 \\
0 & 1 & 0 & 0 \\
0 & 0 & 0 & 1
\end{bmatrix}
\cdot
\begin{bmatrix}
d_3 \cdot \cos\varphi_{30} \\
d_3 \cdot \sin\varphi_{30} \\
0 \\
\end{bmatrix}
=
\tag{7}
$$

$$
=
\begin{bmatrix}
d_3 \cdot \cos\varphi_{10} \cdot \cos\varphi_{30} \\
d_3 \cdot \sin\varphi_{10} \cdot \cos\varphi_{30} \\
d_3 \cdot \sin\varphi_{30} \\
1
\end{bmatrix}
$$

Ne-am pregătit matricele necesare însumării, acum putem trece direct la adunarea lor în forma vectori coloană (3x1 sau 4x1). În acest fel se obține rezultatul final direct, iar operatorii cu care ne-am complicat nu mai folosesc la nimic (aparent). Vom folosi totuși forma cu operatori mai întâi pentru a vedea cum funcționează aceștia, iar apoi vom relua algoritmul în mod inteligent pentru a înțelege rolul operatorilor. Pentru a transforma adunarea în înmulțire (produs de matrice) prin operatori, trebuie obligatoriu să avem matrice 4x4. În acest caz fie că avem un produs, fie că e vorba de o sumă efectuăm produsul matricelor operatori 4x4 (deci utilizând matricele lărgite la 4x4 efectuăm numai produs de matrice indiferent dacă e vorba de o sumă în 3x3 sau de o înmulțire). O matrice vector 4x1 se scrie operațional 4x4 prin completarea matricei unitate 3x3 dedesuptul ei cu un vector zero linie 1x3 (0, 0, 0) iar la dreapta cu vectorul original 4x1.

La efectuarea sumei propriuzise lucrurile se complică iar la prima vedere această complicație pare inutilă, însă rolul ei este unul esențial (așa cum o să vedem mai târziu) pentru a putea lucra direct cu matrice de transfer. Acesta este rolul real al operatorilor.

Adunarea care trebuie efectuată este (între matricele operatori se pune semnul $\cdot$ în loc de +): $A_{01}^4 + (T_{01}^4 \cdot A_{12}^c)^4 + (T_{01}^4 \cdot T_{12}^4 \cdot A_{23}^c)^4 + (T_{01}^4 \cdot T_{12}^4 \cdot T_{23}^4 \cdot X_{3M}^c)^4$

(a se vedea relația (8):

$$A_{01}^4 + (T_{01}^4 \cdot A_{12}^c)^4 + (T_{01}^4 \cdot T_{12}^4 \cdot A_{23}^c)^4 + (T_{01}^4 \cdot T_{12}^4 \cdot T_{23}^4 \cdot X_{3M}^c)^4 =$$

$$= \begin{bmatrix} 1 & 0 & 0 & 0 \\ 0 & 1 & 0 & 0 \\ 0 & 0 & 1 & a_1 \\ 0 & 0 & 0 & 1 \end{bmatrix} \cdot \begin{bmatrix} 1 & 0 & 0 & (d_1 \cdot \cos\varphi_{10} - a_2 \cdot \sin\varphi_{10}) \\ 0 & 1 & 0 & (d_1 \cdot \sin\varphi_{10} + a_2 \cdot \cos\varphi_{10}) \\ 0 & 0 & 1 & 0 \\ 0 & 0 & 0 & 1 \end{bmatrix} \cdot$$

$$\cdot \begin{bmatrix} 1 & 0 & 0 & (d_2 \cdot \cos\varphi_{10} \cdot \cos\varphi_{20} - a_3 \cdot \sin\varphi_{10}) \\ 0 & 1 & 0 & (d_2 \cdot \sin\varphi_{10} \cdot \cos\varphi_{20} + a_3 \cdot \cos\varphi_{10}) \\ 0 & 0 & 1 & d_2 \cdot \sin\varphi_{20} \\ 0 & 0 & 0 & 1 \end{bmatrix} \cdot$$

$$\begin{bmatrix} 1 & 0 & 0 & (d_3 \cdot \cos\varphi_{10} \cdot \cos\varphi_{30}) \\ 0 & 1 & 0 & (d_3 \cdot \sin\varphi_{10} \cdot \cos\varphi_{30}) \\ 0 & 0 & 1 & d_3 \cdot \sin\varphi_{30} \\ 0 & 0 & 0 & 1 \end{bmatrix} = \begin{bmatrix} 1 & 0 & 0 & (d_1 \cdot \cos\varphi_{10} - a_2 \cdot \sin\varphi_{10}) \\ 0 & 1 & 0 & (d_1 \cdot \sin\varphi_{10} + a_2 \cdot \cos\varphi_{10}) \\ 0 & 0 & 1 & a_1 \\ 0 & 0 & 0 & 1 \end{bmatrix} \cdot$$

$$\begin{bmatrix} 1 & 0 & 0 & (d_2 \cdot \cos\varphi_{10} \cdot \cos\varphi_{20} - a_3 \cdot \sin\varphi_{10}) \\ 0 & 1 & 0 & (d_2 \cdot \sin\varphi_{10} \cdot \cos\varphi_{20} + a_3 \cdot \cos\varphi_{10}) \\ 0 & 0 & 1 & d_2 \cdot \sin\varphi_{20} \\ 0 & 0 & 0 & 1 \end{bmatrix} \begin{bmatrix} 1 & 0 & 0 & (d_3 \cdot \cos\varphi_{10} \cdot \cos\varphi_{30}) \\ 0 & 1 & 0 & (d_3 \cdot \sin\varphi_{10} \cdot \cos\varphi_{30}) \\ 0 & 0 & 1 & d_3 \cdot \sin\varphi_{30} \\ 0 & 0 & 0 & 1 \end{bmatrix} \quad (8)$$

Relația (8) continuă cu (8')

$$
\begin{bmatrix}
1 & 0 & 0 & (d_1 \cdot \cos\varphi_{10} - a_2 \cdot \sin\varphi_{10} + d_2 \cdot \cos\varphi_{10} \cdot \cos\varphi_{20} - a_3 \cdot \sin\varphi_{10}) \\
0 & 1 & 0 & (d_1 \cdot \sin\varphi_{10} + a_2 \cdot \cos\varphi_{10} + d_2 \cdot \sin\varphi_{10} \cdot \cos\varphi_{20} + a_3 \cdot \cos\varphi_{10}) \\
0 & 0 & 1 & (a_1 + d_2 \cdot \sin\varphi_{20}) \\
0 & 0 & 0 & 1
\end{bmatrix} \cdot
$$

$$
\cdot
\begin{bmatrix}
1 & 0 & 0 & (d_3 \cdot \cos\varphi_{10} \cdot \cos\varphi_{30}) \\
0 & 1 & 0 & (d_3 \cdot \sin\varphi_{10} \cdot \cos\varphi_{30}) \\
0 & 0 & 1 & d_3 \cdot \sin\varphi_{30} \\
0 & 0 & 0 & 1
\end{bmatrix} =
$$

$$
\begin{bmatrix}
1 & 0 & 0 & (d_1 \cos\varphi_{10} - a_2 \sin\varphi_{10} + d_2 \cos\varphi_{10} \cos\varphi_{20} - a_3 \sin\varphi_{10} + d_3 \cos\varphi_{10} \cos\varphi_{30}) \\
0 & 1 & 0 & (d_1 \sin\varphi_{10} + a_2 \cos\varphi_{10} + d_2 \sin\varphi_{10} \cos\varphi_{20} + a_3 \cos\varphi_{10} + d_3 \sin\varphi_{10} \cos\varphi_{30}) \\
0 & 0 & 1 & (a_1 + d_2 \cdot \sin\varphi_{20} + d_3 \cdot \sin\varphi_{30}) \\
0 & 0 & 0 & 1
\end{bmatrix} \tag{8'}
$$

În continuare se va determina pas cu pas matricea de transfer, de la stânga la dreapta sistemului, lucru care nu era posibil în sistemul 3x3. Relația (9) se scrie în forma (9'); se vede cum suma se transformă în produs datorită operatorilor 4x4, fapt ce ne permite efectuarea operației între matrici de la stânga la dreapta deoarece nu mai adunăm ci înmulțim.

$$
X_{0M} = A_{01} + T_{01} \cdot X_{1M} \tag{9}
$$

$$
X_{0M}^4 = A_{01}^4 \cdot T_{01}^4 \cdot X_{1M}^4 = D_{01} \cdot X_{0M}^4 \tag{9'}
$$

$$
D_{01} =
\begin{bmatrix}
1 & 0 & 0 & 0 \\
0 & 1 & 0 & 0 \\
0 & 0 & 1 & a_1 \\
0 & 0 & 0 & 1
\end{bmatrix} \cdot
\begin{bmatrix}
\cos\varphi_{10} & -\sin\varphi_{10} & 0 & 0 \\
\sin\varphi_{10} & \cos\varphi_{10} & 0 & 0 \\
0 & 0 & 1 & 0 \\
0 & 0 & 0 & 1
\end{bmatrix} =
\begin{bmatrix}
\cos\varphi_{10} & -\sin\varphi_{10} & 0 & 0 \\
\sin\varphi_{10} & \cos\varphi_{10} & 0 & 0 \\
0 & 0 & 1 & a_1 \\
0 & 0 & 0 & 1
\end{bmatrix} \tag{10}
$$

$$
X_{1M} = A_{12} + T_{12} \cdot X_{2M}
$$
$$
X_{1M}^4 = A_{12}^4 \cdot T_{12}^4 \cdot X_{2M}^4 = D_{12} \cdot X_{2M}^4 \Rightarrow D_{12} = A_{12}^4 \cdot T_{12}^4 \tag{11}
$$

$$D_{12} = \begin{bmatrix} 1 & 0 & 0 & d_1 \\ 0 & 1 & 0 & a_2 \\ 0 & 0 & 1 & 0 \\ 0 & 0 & 0 & 1 \end{bmatrix} \cdot \begin{bmatrix} 1 & 0 & 0 & 0 \\ 0 & 0 & -1 & 0 \\ 0 & 1 & 0 & 0 \\ 0 & 0 & 0 & 1 \end{bmatrix} = \begin{bmatrix} 1 & 0 & 0 & d_1 \\ 0 & 0 & -1 & a_2 \\ 0 & 1 & 0 & 0 \\ 0 & 0 & 0 & 1 \end{bmatrix} \qquad (12)$$

Am găsit trecerile de la 0 la 1 şi de la 1 la 2; în acest moment nu mergem mai departe până nu stabilim trecerea de la 0 la 2.

$$X_{0M}^4 = D_{01} \cdot X_{1M}^4 = D_{01} \cdot D_{12} \cdot X_{2M}^4 = D_{02} \cdot X_{2M}^4$$
$$\Rightarrow D_{02} = D_{01} \cdot D_{12} \qquad (13)$$

$$D_{02} = \begin{bmatrix} \cos\varphi_{10} & -\sin\varphi_{10} & 0 & 0 \\ \sin\varphi_{10} & \cos\varphi_{10} & 0 & 0 \\ 0 & 0 & 1 & a_1 \\ 0 & 0 & 0 & 1 \end{bmatrix} \cdot \begin{bmatrix} 1 & 0 & 0 & d_1 \\ 0 & 0 & -1 & a_2 \\ 0 & 1 & 0 & 0 \\ 0 & 0 & 0 & 1 \end{bmatrix} =$$

$$= \begin{bmatrix} \cos\varphi_{10} & 0 & \sin\varphi_{10} & (d_1\cos\varphi_{10} - a_2\sin\varphi_{10}) \\ \sin\varphi_{10} & 0 & -\cos\varphi_{10} & (d_1\sin\varphi_{10} + a_2\cos\varphi_{10}) \\ 0 & 1 & 0 & a_1 \\ 0 & 0 & 0 & 1 \end{bmatrix} \qquad (14)$$

Acum se poate merge mai departe pe lanţ pentru a determina D_{23}.

$$X_{2M} = A_{23} + T_{23} \cdot X_{3M} \quad \textit{trece în}$$

$$X_{2M}^4 = A_{23}^4 \cdot T_{23}^4 \cdot X_{3M}^4 = D_{23} \cdot X_{3M}^4 \Rightarrow D_{23} = A_{23}^4 \cdot T_{23}^4 \tag{15}$$

$$D_{23} = \begin{bmatrix} 1 & 0 & 0 & d_2\cos\varphi_{20} \\ 0 & 1 & 0 & d_2\sin\varphi_{20} \\ 0 & 0 & 1 & -a_3 \\ 0 & 0 & 0 & 1 \end{bmatrix} \cdot \begin{bmatrix} 1 & 0 & 0 & 0 \\ 0 & 1 & 0 & 0 \\ 0 & 0 & 1 & 0 \\ 0 & 0 & 0 & 1 \end{bmatrix} = \begin{bmatrix} 1 & 0 & 0 & d_2\cos\varphi_{20} \\ 0 & 1 & 0 & d_2\sin\varphi_{20} \\ 0 & 0 & 1 & -a_3 \\ 0 & 0 & 0 & 1 \end{bmatrix} \tag{16}$$

Matricea de transfer intrare ieșire D_{03} se poate găsi acum cu ușurință.

$$X_{0M}^4 = D_{02} \cdot X_{2M}^4 = D_{02} \cdot D_{23} \cdot X_{3M}^4 = D_{03} \cdot X_{3M}^4 \Rightarrow D_{03} = D_{02} \cdot D_{23} \tag{17}$$

$$D_{03} = \begin{bmatrix} \cos\varphi_{10} & 0 & \sin\varphi_{10} & (d_1\cos\varphi_{10} - a_2\sin\varphi_{10}) \\ \sin\varphi_{10} & 0 & -\cos\varphi_{10} & (d_1\sin\varphi_{10} + a_2\cos\varphi_{10}) \\ 0 & 1 & 0 & a_1 \\ 0 & 0 & 0 & 1 \end{bmatrix} \cdot \begin{bmatrix} 1 & 0 & 0 & d_2\cos\varphi_{20} \\ 0 & 1 & 0 & d_2\sin\varphi_{20} \\ 0 & 0 & 1 & -a_3 \\ 0 & 0 & 0 & 1 \end{bmatrix} = \tag{18}$$

$$= \begin{bmatrix} \cos\varphi_{10} & 0 & \sin\varphi_{10} & (d_2\cos\varphi_{10}\cos\varphi_{20} - a_3\sin\varphi_{10} + d_1\cos\varphi_{10} - a_2\sin\varphi_{10}) \\ \sin\varphi_{10} & 0 & -\cos\varphi_{10} & (d_2\sin\varphi_{10}\cos\varphi_{20} + a_3\cos\varphi_{10} + d_1\sin\varphi_{10} + a_2\cos\varphi_{10}) \\ 0 & 1 & 0 & (d_2\sin\varphi_{20} + a_1) \\ 0 & 0 & 0 & 1 \end{bmatrix}$$

Formula (17) se poate utiliza simplificat, reducând matricele X (4x4) la forma vector coloană 4x1, deoarece practic nu mai avem decât o operație de înmulțire între matricea 4x4 de transfer D_{03} și vectorul X_{3M}; ca o observație (se pot utiliza ambele forme, dar nefiind necesară trecerea vectorilor X de tip 4x1 la forma matrice 4x4, e de preferat lucrul cu forma mai simplă).

$$X_{0M}^4 = D_{03} \cdot X_{3M}^4 \Rightarrow X_{0M}^c = D_{03} \cdot X_{3M}^c \qquad (19)$$

$$X_{0M}^c = D_{03} \cdot X_{3M}^c \Rightarrow \begin{bmatrix} x_{0M} \\ y_{0M} \\ z_{0M} \\ 1 \end{bmatrix} = D_{03} \cdot \begin{bmatrix} x_{3M} \\ y_{3M} \\ z_{3M} \\ 1 \end{bmatrix} = D_{03} \cdot \begin{bmatrix} d_3 \cdot \cos \varphi_{30} \\ d_3 \cdot \sin \varphi_{30} \\ 0 \\ 1 \end{bmatrix} =$$

$$= \begin{bmatrix} d_3 \cos \varphi_{10} \cos \varphi_{30} + d_2 \cos \varphi_{10} \cos \varphi_{20} - a_3 \sin \varphi_{10} + d_1 \cos \varphi_{10} - a_2 \sin \varphi_{10} \\ d_3 \sin \varphi_{10} \cos \varphi_{30} + d_2 \sin \varphi_{10} \cos \varphi_{20} + a_3 \cos \varphi_{10} + d_1 \sin \varphi_{10} + a_2 \cos \varphi_{10} \\ d_3 \sin \varphi_{30} + d_2 \sin \varphi_{20} + a_1 \\ 1 \end{bmatrix} \qquad (20)$$

Din vectorul X_{0M}^c de tip 4x1 se obține ușor vectorul X_{0M} de tip 3x1, care ne interesează efectiv, eliminând linia finală, adică elementul 1.

$$X_{0M} = \begin{bmatrix} d_3 \cos \varphi_{10} \cdot \cos \varphi_{30} + d_2 \cos \varphi_{10} \cdot \cos \varphi_{20} - a_3 \sin \varphi_{10} + d_1 \cos \varphi_{10} - a_2 \sin \varphi_{10} \\ d_3 \sin \varphi_{10} \cdot \cos \varphi_{30} + d_2 \sin \varphi_{10} \cdot \cos \varphi_{20} + a_3 \cos \varphi_{10} + d_1 \sin \varphi_{10} + a_2 \cos \varphi_{10} \\ d_3 \sin \varphi_{30} + d_2 \sin \varphi_{20} + a_1 \end{bmatrix} \qquad (21)$$

Putem acum să scriem coordonatele punctului M luate fiecare separat, ca funcții de unghiurile de rotație independente, φ_{10}, φ_{20}, φ_{30} ale celor trei elemente mobile.

$$\begin{cases} x_M = d_3 \cos \varphi_{10} \cdot \cos \varphi_{30} + d_2 \cos \varphi_{10} \cdot \cos \varphi_{20} - \\ \quad - a_3 \sin \varphi_{10} + d_1 \cos \varphi_{10} - a_2 \sin \varphi_{10} \\ y_M = d_3 \sin \varphi_{10} \cdot \cos \varphi_{30} + d_2 \sin \varphi_{10} \cdot \cos \varphi_{20} + \\ \quad + a_3 \cos \varphi_{10} + d_1 \sin \varphi_{10} + a_2 \cos \varphi_{10} \\ z_M = d_3 \sin \varphi_{30} + d_2 \sin \varphi_{20} + a_1 \end{cases} \qquad (22)$$

Cap 04_Geometria și cinematica inversă la MP-3R

Cinematica inversă la manipulatoarele și roboții seriali se va exemplifica pentru modelul cinematic 3R (vezi figura 01). În cinematica inversă cunoaștem deja relațiile de legătură directe (1) și trebuie să determinăm relațiile inverse, adică să determinăm rotațiile independente φ_{10}, φ_{20}, φ_{30} ale celor trei elemente mobile,

în funcție de parametrii cinematici impuși endefectorului x_M, y_M, z_M, cunoscuți (dați, impuși). Cu unghiurile independente determinate se vor afla apoi rotațiile relative corespunzătoare deplasărilor celor trei motorașe de acționare din cuplele de rotație (deplasările actuatorilor).

$$\begin{cases} x_M = d_3 \cos\varphi_{10} \cdot \cos\varphi_{30} + d_2 \cos\varphi_{10} \cdot \cos\varphi_{20} - a_3 \sin\varphi_{10} + d_1 \cos\varphi_{10} - a_2 \sin\varphi_{10} \\ y_M = d_3 \sin\varphi_{10} \cdot \cos\varphi_{30} + d_2 \sin\varphi_{10} \cdot \cos\varphi_{20} + a_3 \cos\varphi_{10} + d_1 \sin\varphi_{10} + a_2 \cos\varphi_{10} \\ z_M = d_3 \sin\varphi_{30} + d_2 \sin\varphi_{20} + a_1 \end{cases} \quad (1)$$

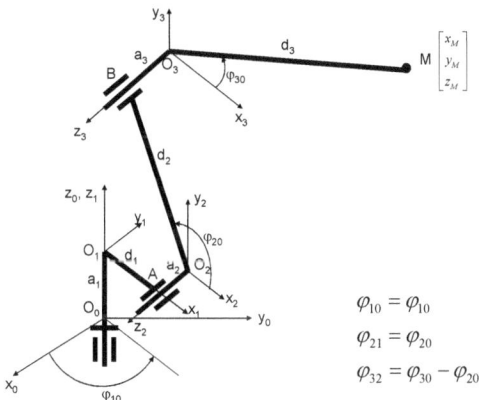

$$\varphi_{10} = \varphi_{10}$$
$$\varphi_{21} = \varphi_{20}$$
$$\varphi_{32} = \varphi_{30} - \varphi_{20}$$

Fig. 1. Geometria și cinematica unui MP-3R

Sistemul fix de coordonate a fost notat cu $x_0 O_0 y_0 z_0$. Sistemele mobile legate (rigidizate) de cele trei elemente mobile (1, 2, 3) au indicii 1, 2 respectiv 3. Orientarea lor a fost aleasă convenabil.

Sistemul (1) reprezintă un sistem transcedental de trei ecuații (1.1-1.3) cu

trei necunoscute (φ_{10}, φ_{20}, φ_{30}) ce trebuiesc determinate; ecuațiile sistemului 1 se rearanjează în forma care se poate vedea în sistemul (1').

$$\begin{cases} x_M = d_1 \cdot \cos\varphi_{10} - a_2 \cdot \sin\varphi_{10} + d_2 \cdot \cos\varphi_{20} \cdot \cos\varphi_{10} - a_3 \cdot \sin\varphi_{10} + d_3 \cdot \cos\varphi_{30} \cdot \cos\varphi_{10}(1.1) \\ y_M = d_1 \cdot \sin\varphi_{10} + a_2 \cdot \cos\varphi_{10} + d_2 \cdot \cos\varphi_{20} \cdot \sin\varphi_{10} + a_3 \cdot \cos\varphi_{10} + d_3 \cdot \cos\varphi_{30} \cdot \sin\varphi_{10}(1.2) \\ z_M = a_1 + d_2 \cdot \sin\varphi_{20} + d_3 \cdot \sin\varphi_{30}(1.3) \end{cases} \quad (1')$$

Se dorește rezolvarea sistemului (1') în mod direct cu obținerea de soluții exacte independente.

Primul pas este înmulțirea ecuației (1.1) cu $-\sin\varphi_{10}$ și a relației (1.2) cu $\cos\varphi_{10}$, după care se adună cele două expresii rezultate obținându-se ecuația trigonometrică (2) care se rezolvă cu soluțiile (3), adică se determină pentru primul parametru independent φ_{10} valorile trigonometrice ale funcțiilor cosinus și sinus de φ_{10}.

$$-x_M \cdot \sin\varphi_{10} + y_M \cdot \cos\varphi_{10} = a_2 + a_3 \qquad (2)$$

$$\begin{cases} \cos\varphi_{10} = \dfrac{(a_2 + a_3) \cdot y_M \pm x_M \cdot \sqrt{x_M^2 + y_M^2 - (a_2 + a_3)^2}}{x_M^2 + y_M^2} \\[4mm] \sin\varphi_{10} = \dfrac{-(a_2 + a_3) \cdot x_M \pm y_M \cdot \sqrt{x_M^2 + y_M^2 - (a_2 + a_3)^2}}{x_M^2 + y_M^2} \end{cases} \qquad (3)$$

Când vrem să obținem direct valoarea unui unghi atunci când îi cunoaștem funcțiile sin și cos, utilizăm expresia (4):

$$\varphi_{10} = \text{semn}(\sin\varphi_{10}) \cdot \arccos(\cos\varphi_{10}) \qquad (4)$$

Unghiul este dat direct de funcția arccos, iar semnul lui sinus, care poate fi +1 sau -1, trimite unghiul în cadranul său, în semicercul de sus sau cel de jos.

La pasul următor înmulțim ecuația (1.1) cu $\cos\varphi_{10}$ și relația (1.2) cu $\sin\varphi_{10}$, adunăm expresiile obținute și obținem ecuația trigonometrică (5).

$$x_M \cdot \cos\varphi_{10} + y_M \cdot \sin\varphi_{10} - d_1 = d_2 \cdot \cos\varphi_{20} + d_3 \cdot \cos\varphi_{30} \qquad (5)$$

Aceasta împreună cu relația (1.3) formează sistemul (6) care generează ultimii parametri independenți φ_{20} si φ_{30}.

$$\begin{cases} x_M \cdot \cos \varphi_{10} + y_M \cdot \sin \varphi_{10} - d_1 = d_2 \cdot \cos \varphi_{20} + d_3 \cdot \cos \varphi_{30} \quad (5) \\ z_M - a_1 = d_2 \cdot \sin \varphi_{20} + d_3 \cdot \sin \varphi_{30} \quad (1.3) \end{cases} \quad (6)$$

Cu notaţiile (7) obţinem pentru sistemul de ecuaţii (6) soluţiile directe şi exacte (8); ecuaţiile (6) capătă forma (6').

$$\begin{cases} C_1 = d_2 \cdot \cos \varphi_{20} + d_3 \cdot \cos \varphi_{30} \quad (5') \\ C_2 = d_2 \cdot \sin \varphi_{20} + d_3 \cdot \sin \varphi_{30} \quad (1.3') \end{cases} \quad (6')$$

Sistemul (6') se scrie sub forma (6").

$$\begin{cases} C_1 - d_2 \cdot \cos \varphi_{20} = d_3 \cdot \cos \varphi_{30} \quad (5'') \\ C_2 - d_2 \cdot \sin \varphi_{20} = d_3 \cdot \sin \varphi_{30} \quad (1.3'') \end{cases} \quad (6'')$$

Ecuaţiile (6") se ridică la pătrat fiecare în parte şi apoi se adună, obţinându-se expresia (6''').

$$K - 2 \cdot C_1 \cdot d_2 \cdot \cos \varphi_{20} = 2 \cdot C_2 \cdot d_2 \cdot \sin \varphi_{20} \qquad (6''')$$

Expresia (6''') se ridică la pătrat şi rezultă o ecuaţie de gradul doi în $\cos^2 \varphi_{20}$ care generează soluţiile pentru $\cos \varphi_{20}$, iar pentru sin se schimbă forma ecuaţiei (6''') termenii cu sin şi cos permutând între ei, astfel încât după ridicarea expresiei la pătrat ecuaţia rămasă să fie în $\sin^2 \varphi_{20}$ şi generând astfel soluţiile pentru funcţia sin.

Cu cele două expresii sin şi cos se poate calcula exact valoarea unghiului, care va fi dată de arccos, şi va prelua semicercul superior pentru un sinus pozitiv, şi semicercul inferior pentru un semn al lui sinus negativ.

Algoritmul se poate relua şi pentru unghiul φ_{30} în mod similar, punând sistemul (6") corespunzător (fac rocada $\cos \varphi_{20}$ cu $\cos \varphi_{30}$, iar $\sin \varphi_{20}$ cu $\sin \varphi_{30}$); urmează algoritmul descris mai sus prin ridicarea la pătrat, etc...

Pentru a fi mai siguri că toate soluţiile satisfac sistemul simultan, valorile funcţiilor trigonometrice pentru unghiul φ_{30} se extrag direct din sistemul (6"). Expresia lor depinde direct de valoarea unghiului calculat la pasul precedent (φ_{20}) dar toate valorile satisfac în mod sigur sistemul din care au fost deduse.

$$\begin{cases} C_1 = x_M \cdot \cos \varphi_{10} + y_M \cdot \sin \varphi_{10} - d_1 \\ C_2 = z_M - a_1 \\ k = C_1^2 + C_2^2 + d_2^2 - d_3^2 \end{cases} \quad (7)$$

$$\begin{cases} \cos \varphi_{20} = \dfrac{k \cdot C_1 \pm C_2 \cdot \sqrt{4 \cdot C_1^2 \cdot d_2^2 + 4 \cdot C_2^2 \cdot d_2^2 - k^2}}{2 \cdot (C_1^2 + C_2^2) \cdot d_2} \\[4mm] \sin \varphi_{20} = \dfrac{k \cdot C_2 \mp C_1 \cdot \sqrt{4 \cdot C_1^2 \cdot d_2^2 + 4 \cdot C_2^2 \cdot d_2^2 - k^2}}{2 \cdot (C_1^2 + C_2^2) \cdot d_2} \\[4mm] \varphi_{20} = semn(\sin \varphi_{20}) \cdot arccos(\cos \varphi_{20}) \\[2mm] \cos \varphi_{30} = \dfrac{C_1 - d_2 \cdot \cos \varphi_{20}}{d_3} \\[4mm] \sin \varphi_{30} = \dfrac{C_2 - d_2 \cdot \sin \varphi_{20}}{d_3} \\[2mm] \varphi_{30} = semn(\sin \varphi_{30}) \cdot arccos(\cos \varphi_{30}) \end{cases} \quad (8)$$

Determinarea vitezelor unghiulare ale actuatorilor

$$-x_M \cdot \sin \varphi_{10} + y_M \cdot \cos \varphi_{10} = a_2 + a_3 \quad (2)$$

Derivăm ecuația (2) și obținem relația (9).

$$\begin{aligned} & -\dot{x}_M \cdot \sin \varphi_{10} - x_M \cdot \cos \varphi_{10} \cdot \omega_{10} + \\ & + \dot{y}_M \cdot \cos \varphi_{10} - y_M \cdot \sin \varphi_{10} \cdot \omega_{10} = 0 \end{aligned} \quad (9)$$

Ecuația (9) se aranjează în forma (10):

$$\begin{aligned} & (x_M \cdot \cos \varphi_{10} + y_M \cdot \sin \varphi_{10}) \cdot \omega_{10} = \\ & = \dot{y}_M \cdot \cos \varphi_{10} - \dot{x}_M \cdot \sin \varphi_{10} \end{aligned} \quad (10)$$

Viteza unghiulară a primului actuator are expresia (11):

$$\omega_{10} = \frac{\dot{y}_M \cdot \cos \varphi_{10} - \dot{x}_M \cdot \sin \varphi_{10}}{x_M \cdot \cos \varphi_{10} + y_M \cdot \sin \varphi_{10}} \quad (11)$$

Din sistemul (6'') derivat obținem vitezele unghiulare ale celorlalți doi actuatori. Se derivează (6'') și rezultă sistemul (12).

$$\begin{cases} C_1 - d_2 \cdot \cos\varphi_{20} = d_3 \cdot \cos\varphi_{30} \quad (5'') \\ C_2 - d_2 \cdot \sin\varphi_{20} = d_3 \cdot \sin\varphi_{30} \quad (1.3'') \end{cases} \qquad (6'')$$

$$\begin{cases} \dot{C}_1 + d_2 \cdot \sin\varphi_{20} \cdot \omega_{20} = -d_3 \cdot \sin\varphi_{30} \cdot \omega_{30} \\ \dot{C}_2 - d_2 \cdot \cos\varphi_{20} \cdot \omega_{20} = d_3 \cdot \cos\varphi_{30} \cdot \omega_{30} \end{cases} \qquad (12)$$

Înmulțim prima relație a sistemului (12) cu $\cos\varphi_{30}$ iar pe a doua cu $\sin\varphi_{30}$, după care adunăm relațiile rezultate și obținem expresia (13):

$$\begin{aligned} &\dot{C}_1 \cdot \cos\varphi_{30} + \dot{C}_2 \cdot \sin\varphi_{30} + d_2 \cdot \sin\varphi_{20} \cdot \cos\varphi_{30} \cdot \omega_{20} - \\ &- d_2 \cdot \sin\varphi_{30} \cdot \cos\varphi_{20} \cdot \omega_{20} = \\ &= -d_3 \cdot \sin\varphi_{30} \cdot \cos\varphi_{30} \cdot \omega_{30} + d_3 \cdot \sin\varphi_{30} \cdot \cos\varphi_{30} \cdot \omega_{30} \end{aligned} \qquad (13)$$

Relația (13) se scrie sub forma (14).

$$\begin{aligned} &\dot{C}_1 \cdot \cos\varphi_{30} + \dot{C}_2 \cdot \sin\varphi_{30} + d_2 \cdot \sin\varphi_{20} \cdot \cos\varphi_{30} \cdot \omega_{20} - \\ &- d_2 \cdot \sin\varphi_{30} \cdot \cos\varphi_{20} \cdot \omega_{20} = 0 \end{aligned} \qquad (14)$$

Relația (14) se pune sub forma (15).

$$\dot{C}_1 \cdot \cos\varphi_{30} + \dot{C}_2 \cdot \sin\varphi_{30} + d_2 \cdot \sin(\varphi_{20} - \varphi_{30}) \cdot \omega_{20} = 0 \qquad (15)$$

Din (15) explicităm viteza unghiulară a celui de al doilea actuator, și obținem relația (16).

$$\omega_{20} = \frac{\dot{C}_1 \cdot \cos\varphi_{30} + \dot{C}_2 \cdot \sin\varphi_{30}}{d_2 \cdot \sin(\varphi_{30} - \varphi_{20})} \qquad (16)$$

În continuare înmulțim prima relație a sistemului (12) cu $\cos\varphi_{20}$ iar pe a doua cu $\sin\varphi_{20}$, după care adunăm relațiile rezultate și obținem expresia (17):

$$\begin{aligned} &\dot{C}_1 \cdot \cos\varphi_{20} + \dot{C}_2 \cdot \sin\varphi_{20} + d_2 \cdot \sin\varphi_{20} \cdot \cos\varphi_{20} \cdot \omega_{20} - \\ &- d_2 \cdot \sin\varphi_{20} \cdot \cos\varphi_{20} \cdot \omega_{20} = \\ &= d_3 \cdot \sin\varphi_{20} \cdot \cos\varphi_{30} \cdot \omega_{30} - d_3 \cdot \sin\varphi_{30} \cdot \cos\varphi_{20} \cdot \omega_{30} \end{aligned} \qquad (17)$$

Relația (17) se scrie sub forma (18).

$$\dot{C}_1 \cdot \cos \varphi_{20} + \dot{C}_2 \cdot \sin \varphi_{20} = d_3 \cdot \sin(\varphi_{20} - \varphi_{30}) \cdot \omega_{30} \qquad (18)$$

Din (18) explicităm viteza unghiulară a ultimului actuator, și obținem relația (19).

$$\omega_{30} = \frac{\dot{C}_1 \cdot \cos \varphi_{20} + \dot{C}_2 \cdot \sin \varphi_{20}}{d_3 \cdot \sin(\varphi_{20} - \varphi_{30})} \qquad (19)$$

Vitezele unghiulare ale celor trei actuatori se vor explicita în continuare în sistemul (20).

$$\begin{cases} \omega_{10} = \dfrac{\dot{y}_M \cdot \cos \varphi_{10} - \dot{x}_M \cdot \sin \varphi_{10}}{x_M \cdot \cos \varphi_{10} + y_M \cdot \sin \varphi_{10}} \\[4mm] \omega_{20} = \dfrac{\dot{C}_1 \cdot \cos \varphi_{30} + \dot{C}_2 \cdot \sin \varphi_{30}}{d_2 \cdot \sin(\varphi_{30} - \varphi_{20})} \\[4mm] \omega_{30} = \dfrac{\dot{C}_1 \cdot \cos \varphi_{20} + \dot{C}_2 \cdot \sin \varphi_{20}}{d_3 \cdot \sin(\varphi_{20} - \varphi_{30})} \end{cases} \qquad (20)$$

Pentru determinarea lor mai trebuiesc calculați câțiva parametri.

Cu relația (21) notăm parametrul variabil C_1.

$$C_1 = x_M \cdot \cos \varphi_{10} + y_M \cdot \sin \varphi_{10} - d_1 \qquad (21)$$

Derivăm (21) și obținem $\dot{C}_1$ (relația 22).

$$\begin{aligned} \dot{C}_1 = {} & \dot{x}_M \cdot \cos \varphi_{10} - x_M \cdot \sin \varphi_{10} \cdot \omega_{10} + \\ & + \dot{y}_M \cdot \sin \varphi_{10} + y_M \cdot \cos \varphi_{10} \cdot \omega_{10} \end{aligned} \qquad (22)$$

Variabila C_2 are expresia mai simplă (23).

$$C_2 = z_M - a_1 \qquad (23)$$

Se derivează relația (23) și se obține pentru $\dot{C}_2$ expresia (24).

$$\dot{C}_2 = \dot{z}_M \qquad (24)$$

Cap 05_Sinteza traiectoriilor optime cu ajutorul funcţiilor de comandă la nivelul cuplelor cinematice conducătoare

1. Condiţii iniţiale pentru sinteza traiectoriilor în spaţiul cuplelor motoare

Înainte de a studia traiectoria unui punct trasor, prin intermediul legilor de comandă din spaţiul cuplelor cinematice active ale robotului, trebuie stabilită configuraţia MPz în care punctul caracteristic ocupă poziţiile iniţială şi finală.

În cazul general, traiectoria punctului caracteristic al MPz este materializată printr-o curbă în spaţiul geometric 3D, curbă care se poate obţine prin interpolare pe anumite porţiuni, în funcţie de punctele de precizie stabilite.

Pentru manipularea unui obiect, între poziţiile iniţială şi finală, sunt necesare următoarele operaţii de lucru: apucare (în poziţia iniţială), ridicare-desprindere (de suprafaţa de aşezare), deplasare (spre poziţia finală), coborâre-aşezare (într-un dispozitiv) şi eliberare (în poziţia finală).

Corespunzător acestor operaţii, la nivelul fiecărei cuple cinematice motoare (actuatoare) se identifică 4 poziţii distincte (fig. 1): iniţială, de ridicare, deplasare, apropiere şi finală.

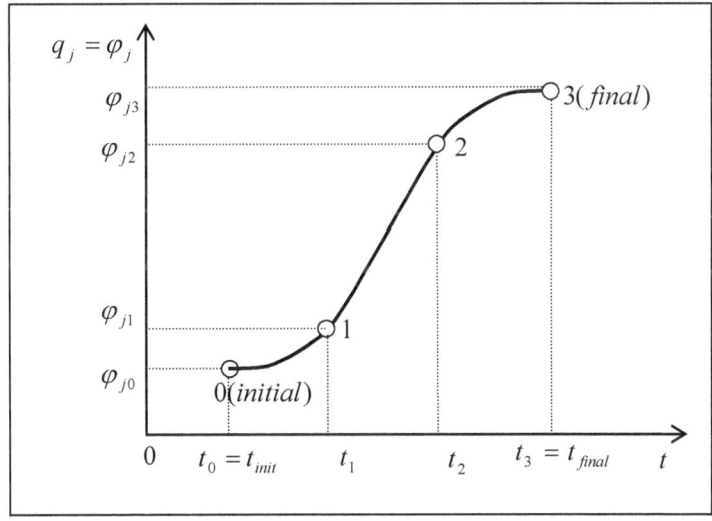

Fig. 1

Extremele "traiectoriei" legii de mişcare, la nivelul unei cuple cinematice motoare, trebuie să fie cuprinse între limitele fizice şi geometrice ale MPz.

Intervalele de timp $t_1 - t_0$, $t_3 - t_2$ (fig. 1), ai segmentelor inițial $(0-1)$ și final $(2-3)$, corespund ritmului de avansare a griperului (dispozitiv de apucare) la și de la suprafața obiectului manipulat. Acești timpi sunt un parametru constant și este funcție de caracteristica motorului electric de acționare din fiecare cuplă cinematică activă.

În timpul intermediar $t_2 - t_1$, corespunzător segmentului mijlociu $1-2$, apar valorile maxime ale vitezei și accelerației unghiulare din mișcarea relativă a unui braț j față de cel adiacent $j-1$.

Pentru optimizarea mișcării (din cuplele cinematice motoare) se folosește maximul acestui timp $(t_2 - t_1)_{max}$ ceea ce corespunde timpului maxim al cuplei cinematice active cu viteza cea mai mică.

În ambele puncte intermediare 1 și 2, ale curbei funcției de comandă, trebuie ca poziția (ca deplasare instantanee), viteza și accelerația să îndeplinească condițiile de continuitate față de segmentul anterior $0-1$ respectiv posterior $2-3$.

Pentru a satisface aceste cerințe de continuitate în toate cele 4 puncte cunoscute $(0,1,2,3)$ se vor folosi funcții polinomiale ale căror prime două derivate sunt continue în intervalul de timp (t_0, t_3).

Având în vedere condițiile inițiale impuse traiectoriei punctului trasor, rezultă pentru funcția de comandă (a unei cuple cinematice motoare) următorul bilanț de necunoscute:

- În punctul inițial 0 se înregistrează o necunoscută, reprezentată de poziția φ_0;
- În punctele 1 și 2 sunt 2.3=6 necunoscute (poziția, viteza, accelerația): $\varphi_1, \dot{\varphi}_1, \ddot{\varphi}_1; \varphi_2, \dot{\varphi}_2, \ddot{\varphi}_2$;
- În punctul final 3 există o singură necunoscută: poziția unghiulară φ_3.

Cele 8 necunoscute pot fi coeficienții unei funcții polinomiale de gradul 7 care interpolează întreaga traiectorie, în intervalul de timp menționat $t_3 - t_0$.

O astfel de funcție polinomială se scrie pentru cupla cinematică conducătoare j sub forma:

$$q_j(t) = \sum_{k=0}^{7} a_k t^k = a_7 t^7 + a_6 t^6 + a_5 t^5 + a_4 t^4 + a_3 t^3 + a_2 t^2 + a_1 t + a_0 \quad (1)$$

Extremele unei astfel de funcții polinomiale de gradul 7 tind să fie plasate în afara domeniului de existență a mișcării realizare de cuplele cinematice active, respectiv al brațelor robotului.

O abordare posibilă practic și eficientă pe ansamblu constă în împărțirea întregii traiectorii a punctului trasor, respectiv a curbei funcției de comandă, în mai multe segmente, astfel ca polinoamele de grad mai mic de 7 să poată fi utilizate pentru interpolarea fiecărui segment de traiectorie.

Se cunosc mai multe posibilități de împărțire a traiectoriei la nivelul cuplei cinematice motoare, aceste variante fiind de 3, 4 sau 5 porțiuni distincte.

Cele mai convenabile variante sunt cele cu 3 porțiuni, cu 3 polinoame de grade 4-3-4 sau 3-5-3.

Varianta cu 5 porțiuni folosește 5 polinoame de același grad 3, adică 3-3-3-3-3.

Pentru o traiectorie la care legea de comandă este modelată cu polinomiala 4-3-4, pe un Mp cu n cuple cinematice motoare (c.c.m.) se vor obține $3n$ segmente de curbă și $8n$ coeficienți.

2 Sinteza polinoamelor de interpolare tip 4-3-4

Se introduce pentru fiecare segment de traiectorie, la nivelul c.c.m., o variabilă (adimensională) de timp normat $t \in [0,1]$, ceea ce permite rezolvarea similară a fiecărei porțiuni de curbă, pentru legea de mișcare a fiecărei c.c.m. (ca unghi de rotație relativă a brațului).

Timpul normat variază de la $t = 0$ (timpul inițial al fiecărui segment de traiectorie, la nivelul c.c.m.) la $t = 1$ (timpul final pentru fiecare din segmentele curbei legii de comandă a c.c.m.).

Se definește timpul real τ în secunde, a cărui variație este cuprinsă între limitele τ_{i-1} (minim) și τ_i (maxim), adică $\tau \in [\tau_{i-1}, \tau_i]$.

Timpul normat se calculează cu formula

$$t = \frac{\tau - \tau_{i-1}}{\tau_i - \tau_{i-1}} \in [0, 1] \tag{2}$$

Curba legii de mișcare a unei c.c.m. constă din segmente polinomiale $p_i(t)$ care împreună formează curba de variație a legii de comandă a c.c.m. j.

Cele 3 funcții polinomiale pentru fiecare c.c.m. sunt:

$$p_1(t) = a_{14}t^4 + a_{13}t^3 + a_{12}t^2 + a_{11}t + a_{10} \tag{3}$$

$$p_2(t) = a_{23}t^3 + a_{22}t^2 + a_{21}t + a_{20} \tag{4}$$

$$p_3(t) = a_{34}t^4 + a_{33}t^3 + a_{32}t^2 + a_{31}t + a_{30} \tag{5}$$

Condiţiile la limită care trebuie satisfăcute de funcţiile (13.3, 4, 5), la o c.c.m. de rotaţie, sunt:

Punctul 0: $\varphi_0 = \varphi(t_0)$; $\omega_0 = 0$; $\varepsilon_0 = 0$;

Punctul 1: $\varphi_1 = \varphi(t_1)$; $\varphi(t_1^-) = \varphi(t_1^+)$; $\omega(t_1^-) = \omega(t_1^+)$; $\varepsilon(t_1^-) = \varepsilon(t_1^+)$;

Punctul 2: $\varphi_2 = \varphi(t_2)$; $\varphi(t_2^-) = \varphi(t_2^+)$; $\omega(t_2^-) = \omega(t_2^+)$; $\varepsilon(t_2^-) = \varepsilon(t_2^+)$;

Punctul 3: $\varphi_3 = \varphi(t_3)$; $\omega_3 = 0$; $\varepsilon_3 = 0$.

Ecuaţiile polinomiale (3, 4, 5) se derivează în funcţie de timpul real τ :

$$\omega_i(t) = \frac{dp_i(t)}{d\tau} = \frac{dt}{d\tau} \cdot \frac{dp_i(t)}{dt} =$$
$$= \frac{1}{\tau_i - \tau_{i-1}} \cdot \frac{dp_i(t)}{dt} = \frac{1}{\Delta\tau_i} \cdot \dot{p}_i(t); \quad i = 1,2,3,4 \tag{6}$$

$$\varepsilon_i(t) = \frac{d^2 p_i(t)}{d\tau^2} = \left(\frac{dt}{d\tau}\right)^2 \cdot \frac{d^2 p_i(t)}{dt^2} =$$
$$= \frac{1}{(\tau_i - \tau_{i-1})^2} \cdot \frac{d^2 p_i(t)}{dt^2} = \frac{1}{(\Delta\tau_i)^2} \cdot \ddot{p}_i(t); \quad i = 1,2,3,4 \tag{7}$$

Pe intervalul $(0 - 1)$, din polinomul (3) se deduc viteza şi acceleraţia unghiulare, cu ajutorul formulelor (6, 7):

$$\omega_1(t) = \frac{1}{\Delta\tau_1}(4a_{14}t^3 + 3a_{13}t^2 + 2a_{12}t + a_{11}); \tag{8}$$

$$\varepsilon_1(t) = \frac{1}{\Delta\tau_1^2}(12a_{14}t^2 + 6a_{13}t + 2a_{12}) \tag{9}$$

Pentru $t = 0$ ecuaţiile (3, 8, 9) devin:

$$\varphi_1(0) = a_{10}; \Rightarrow a_{10} = \varphi_0;$$
$$\omega_1(0) = \frac{1}{\Delta\tau_1}a_{11}; \Rightarrow a_{11} = \omega_0\Delta\tau_1 = 0; \tag{10}$$
$$\varepsilon_1(0) = \frac{2}{\Delta\tau_1^2}a_{12}; \Rightarrow a_{12} = \frac{1}{2}\varepsilon_0\Delta\tau_1^2 = 0.$$

În aceste condiții ecuația (3) se scrie:

$$p_1(t) = a_{14}t^4 + a_{13}t^3 + \varphi_0 \tag{11}$$

Pentru $t = 1$ ecuațiile (3, 8, 9) devin:

$$\varphi_1(1) = a_{14} + a_{13} + \varphi_0 \tag{12}$$

$$\omega_1(1) = \frac{1}{\Delta\tau_1}(4a_{14} + 3a_{13}) \tag{13}$$

$$\varepsilon_1(1) = \frac{6}{\Delta\tau_1^2}(2a_{14} + a_{13}) \tag{14}$$

Pe intervalul $(1-2)$, din ecuația polinomială (4), se obțin prin derivare formulele:

$$\omega_2(t) = \frac{1}{\Delta\tau_2}(3a_{23}t^2 + 2a_{22}t + a_{21}) \tag{15}$$

$$\varepsilon_2(t) = \frac{1}{\Delta\tau_1^2}(6a_{23}t + 2a_{22}) \tag{16}$$

Pentru $t = 0$, ecuațiile (4, 15, 16) devin:

$$\varphi_2(0) = a_{20}; \quad \omega_2(0) = \frac{1}{\Delta\tau_2}a_{21}; \quad \varepsilon_2(0) = \frac{2}{\Delta\tau_2^2}a_{22}. \tag{17}$$

Din condițiile de continuitate din punctul 1 rezultă egalitățile:

$$\varphi_2(0) = \varphi_1(1); \quad \omega_2(0) = \omega_1(1); \quad \varepsilon_2(0) = \varepsilon_1(1). \tag{18}$$

sau explicit, observând relațiile (12, 13, 14, 17)

$$a_{20} = a_{14} + a_{13} + \varphi_0;$$
$$\frac{1}{\Delta\tau_2}a_{21} = \frac{1}{\Delta\tau_1}(4a_{14} + 3a_{13}); \tag{19}$$
$$\frac{2}{\Delta\tau_2^2}a_{22} = \frac{6}{\Delta\tau_1^2}(2a_{14} + a_{13}).$$

Pentru $t = 1$ ecuațiile (4, 15, 16) devin:

$$\varphi_2(1) = a_{23} + a_{22} + a_{21} + a_{20} \tag{20}$$

$$\omega_2(1) = \frac{1}{\Delta\tau_2}(3a_{23} + 2a_{22} + a_{21}) \tag{21}$$

$$\varepsilon_2(1) = \frac{2}{\Delta\tau_1^2}(3a_{23} + a_{22}) \tag{22}$$

Pe <u>intervalul</u> $(2-3)$, ecuația polinomială (5) se scrie (dacă se face înlocuirea $\bar{t} = t - 1$):

$$\varphi_3(\bar{t}) = a_{34}\bar{t}^4 + a_{33}\bar{t}^3 + a_{32}\bar{t}^2 + a_{31}\bar{t} + a_{30} \tag{23}$$

în care pentru $t \in [0,1]$ se deduce $\bar{t} \in [-1,0]$.

Din (23) se obțin, prin derivare, formulele vitezei și accelerației unghiulare în forma:

$$\omega_3(\bar{t}) = \frac{1}{\Delta\tau_3}(4a_{34}\bar{t}^3 + 3a_{33}\bar{t}^2 + 2a_{32}\bar{t} + a_{31}); \tag{24}$$

$$\varepsilon_3(\bar{t}) = \frac{1}{\Delta\tau_3^2}(12a_{34}\bar{t}^2 + 6a_{33}\bar{t} + 2a_{32}). \tag{25}$$

Pentru $t = 0$ respectiv $\bar{t} = -1$ ecuațiile (23, 24, 25) se scriu:

$$\varphi_3(-1) = a_{34} - a_{33} + a_{32} - a_{31} + a_{30} \tag{26}$$

$$\omega_3(-1) = \frac{1}{\Delta\tau_3}(-4a_{34} + 3a_{33} - 2a_{32} + a_{31}) \tag{27}$$

$$\varepsilon_3(-1) = \frac{1}{\Delta\tau_3^2}(12a_{34} - 6a_{33} + 2a_{32}) \tag{28}$$

Condițiile de continuitate din punctul 2 se scriu:

$$\varphi_3(-1) = \varphi_2(1); \quad \omega_3(-1) = \omega_2(1); \quad \varepsilon_3(-1) = \varepsilon_2(1). \tag{29}$$

sau explicit, observând relațiile (20, 21, 22) și (26, 27, 28):

$$a_{34} - a_{33} + a_{32} - a_{31} + a_{30} = a_{23} + a_{22} + a_{21} + a_{20} \tag{30}$$

$$\frac{1}{\Delta\tau_3}(-4a_{34} + 3a_{33} - 2a_{32} + a_{31}) = \frac{1}{\Delta\tau_2}(3a_{23} + 2a_{22} + a_{21}) \qquad (31)$$

$$\frac{1}{\Delta\tau_3^2}(12a_{34} - 6a_{33} + 2a_{32}) = \frac{1}{\Delta\tau_2^2}(6a_{23} + 2a_{22}) \qquad (32)$$

Pentru $t = 1\,(\bar{t} = 0)$, din ecuaţiile (26, 27, 28) se deduc coeficienţii termeni liberi:

$$\varphi_3(0) = a_{30};$$

$$\omega_3(0) = \frac{1}{\Delta\tau_3}a_{31}; \Rightarrow a_{31} = 0; \qquad (33)$$

$$\varepsilon_3(0) = \frac{2}{\Delta\tau_3^2}a_{32}; \Rightarrow a_{32} = 0.$$

În final se reţin următoarele ecuaţii: (10, 10', 10''), (12, 19, 19',19''), (20, 30, 31, 32), (33, 33', 33''), ale căror expresii sunt:

$a_{10} = \varphi_0$; $a_{11} = 0$; $a_{12} = 0$; $a_{13} + a_{14} = \varphi_1 - \varphi_0$; $a_{20} = a_{13} + a_{14} + \varphi_0$;

$3a_{13} + 4a_{14} = (\Delta\tau_1/\Delta\tau_2) \cdot a_{21}$; $3(a_{13} + 2a_{14}) = (\Delta\tau_1/\Delta\tau_2)^2 \cdot a_{22}$;

$a_{20} + a_{21} + a_{22} + a_{23} = \varphi_2$; $a_{20} + a_{21} + a_{22} + a_{23} = a_{30} - a_{31} + a_{32} - a_{33} + a_{34}$;

$a_{21} + 2a_{22} + 3a_{23} = (\Delta\tau_2/\Delta\tau_3) \cdot (a_{31} - 2a_{32} + 3a_{33} - 4a_{34})$;

$2a_{22} + 3a_{23} = (\Delta\tau_2/\Delta\tau_3)^2 \cdot (a_{32} - 3a_{33} + 6a_{34}$

$a_{30} = \varphi_3$; $a_{31} = 0$; $a_{32} = 0$.

Din cele 14 ecuaţii rămân numai 7 ecuaţii distincte:

$$a_{13} + a_{14} = \varphi_1 - \varphi_0; \qquad (1^*)$$

$$a_{13} + a_{14} + a_{21} + a_{22} + a_{23} = \varphi_2 - \varphi_0; \qquad (2^*)$$

$$a_{13} + a_{14} + a_{21} + a_{22} + a_{23} + a_{33} - a_{34} = \varphi_3 - \varphi_0; \qquad (3^*)$$

$$3a_{13} + 4a_{14} = (\Delta\tau_1/\Delta\tau_2) \cdot a_{21}; \qquad (4^*)$$

$$3(a_{13} + 2a_{14}) = (\Delta\tau_1/\Delta\tau_2)^2 \cdot a_{22}; \qquad (5^*)$$

$$a_{21} + 2a_{22} + 3a_{23} = (\Delta\tau_2/\Delta\tau_3) \cdot (3a_{33} - 4a_{34}); \qquad (6^*)$$

$$2a_{22} + 3a_{23} = 3(\Delta\tau_2/\Delta\tau_3)^2 \cdot (a_{33} + 2a_{34}. \qquad (7^*)$$

În ecuaţiile (1^*) - (7^*) se cunosc intervalele de timp real $\Delta\tau_1 = \tau_1 - \tau_0$; $\Delta\tau_2 = \tau_2 - \tau_1$; $\Delta\tau_3 = \tau_3 - \tau_2$; şi unghiurile relative $(\varphi_1 - \varphi_0)$, $(\varphi_2 - \varphi_0)$, $(\varphi_3 - \varphi_0)$.

Din cele 7 ecuații se obțin cele 7 necunoscute, respectiv coeficienții:

$a_{13}, a_{14}, a_{21}, a_{22}, a_{23}, a_{33}, a_{34}$

Practic, se impun unghiurile relative

$$\varphi_{01} = \varphi_1 - \varphi_0 = \varphi_1(1) - \varphi_1(0) = a_{14} + a_{13}; \tag{34}$$

$$\varphi_{12} = \varphi_2 - \varphi_1 = \varphi_2(1) - \varphi_2(0) = a_{23} + a_{22} + a_{21}; \tag{35}$$

$$\varphi_{23} = \varphi_3 - \varphi_2 = \varphi_3(-1) - \varphi_3(0) = a_{34} - a_{33}. \tag{36}$$

Coeficienții $a_{14}, a_{13}, a_{23}, a_{22}, a_{21}, a_{34}, a_{33}$ se calculează ca soluții ale sistemului liniar format din ecuațiile (34, 35, 36), la care se adaugă două ecuații echivalente cu ultimele două din (19) și alte două ecuații echivalente cu relațiile (31, 32):

$$\frac{1}{\Delta\tau_2} a_{21} = \frac{1}{\Delta\tau_1}(4a_{14} + 3a_{13}); \tag{37}$$

$$\frac{1}{\Delta\tau_2^2} a_{22} = \frac{3}{\Delta\tau_1^2}(2a_{14} + a_{13}); \tag{38}$$

$$\frac{1}{\Delta\tau_3}(-4a_{34} + 3a_{33}) = \frac{1}{\Delta\tau_2}(3a_{23} + 2a_{22} + a_{21}); \tag{39}$$

$$\frac{3}{\Delta\tau_3^2}(2a_{34} - a_{33}) = \frac{1}{\Delta\tau_2^2}(3a_{23} + a_{22}). \tag{40}$$

În ultimele patru ecuații se impun intervalele de timp

$$\Delta\tau_1 = \tau_1 - \tau_0; \ \Delta\tau_2 = \tau_2 - \tau_1; \ \Delta\tau_3 = \tau_3 - \tau_2.$$

care corespund celor trei intervale de deplasări unghiulare din primele trei ecuații.

Cap 06_Vitezele şi acceleraţiile în cinematica directă la MP-3R

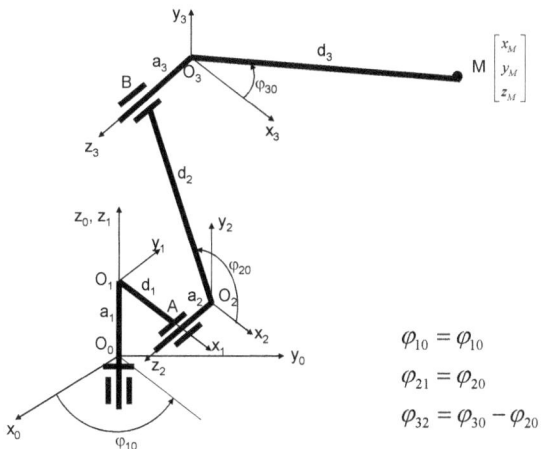

$$\varphi_{10} = \varphi_{10}$$
$$\varphi_{21} = \varphi_{20}$$
$$\varphi_{32} = \varphi_{30} - \varphi_{20}$$

Fig. 1. Geometria şi cinematica unui MP-3R

Sistemul fix de coordonate a fost notat cu $x_0 O_0 y_0 z_0$. Sistemele mobile legate (rigidizate) de cele trei elemente mobile (1, 2, 3) au indicii 1, 2 respectiv 3. Orientarea lor a fost aleasă convenabil. Se porneşte de la relaţia matricială a vitezelor (1) deja cunoscută:

$$
\begin{aligned}
X_{0M} &= A_{01} + T_{01} \cdot X_{1M} = A_{01} + T_{01} \cdot (A_{12} + T_{12} \cdot X_{2M}) = \\
&= A_{01} + T_{01} \cdot A_{12} + T_{01} \cdot T_{12} \cdot X_{2M} = \\
&= A_{01} + T_{01} \cdot A_{12} + T_{01} \cdot T_{12} \cdot (A_{23} + T_{23} \cdot X_{3M}) = \\
&= A_{01} + T_{01} \cdot A_{12} + T_{01} \cdot T_{12} \cdot A_{23} + T_{01} \cdot T_{12} \cdot T_{23} \cdot X_{3M}
\end{aligned}
\tag{1}
$$

Aceasta se scrie sub forma (2) simplificată:

$$X_{0M} = A_{01} + P_1 + P_2 + T_{03} \cdot X_{3M} \tag{2}$$

Unde:

$$A_{01} = \begin{bmatrix} 0 \\ 0 \\ a_1 \end{bmatrix} \tag{3}$$

$$P_1 = \begin{bmatrix} d_1 \cdot \cos\varphi_{10} - a_2 \cdot \sin\varphi_{10} \\ d_1 \cdot \sin\varphi_{10} + a_2 \cdot \cos\varphi_{10} \\ 0 \end{bmatrix} \qquad (4)$$

$$P_2 = \begin{bmatrix} d_2 \cdot \cos\varphi_{10} \cdot \cos\varphi_{20} - a_3 \cdot \sin\varphi_{10} \\ d_2 \cdot \sin\varphi_{10} \cdot \cos\varphi_{20} + a_3 \cdot \cos\varphi_{10} \\ d_2 \cdot \sin\varphi_{20} \end{bmatrix} \qquad (5)$$

$$T_{03} = \begin{bmatrix} \cos\varphi_{10} & 0 & \sin\varphi_{10} \\ \sin\varphi_{10} & 0 & -\cos\varphi_{10} \\ 0 & 1 & 0 \end{bmatrix} \qquad (6)$$

$$X_{3M} = \begin{bmatrix} x_{3M} \\ y_{3M} \\ z_{3M} \end{bmatrix} = \begin{bmatrix} d_3 \cdot \cos\varphi_{30} \\ d_3 \cdot \sin\varphi_{30} \\ 0 \end{bmatrix} \qquad (7)$$

Se derivează relația (2) matricială și se obține expresia (8):

$$\dot{X}_{0M} = \dot{A}_{01} + \dot{P}_1 + \dot{P}_2 + \dot{T}_{03} \cdot X_{3M} + T_{03} \cdot \dot{X}_{3M} =$$
$$= \dot{P}_1 + \dot{P}_2 + \dot{T}_{03} \cdot X_{3M} + T_{03} \cdot \dot{X}_{3M} = \qquad (8)$$
$$= \dot{P}_{12} + \dot{T}_{03} \cdot X_{3M} + T_{03} \cdot \dot{X}_{3M}$$

Deoarece:

$$\dot{A}_{01} = \begin{bmatrix} 0 \\ 0 \\ \dot{a}_1 \end{bmatrix} = \begin{bmatrix} 0 \\ 0 \\ 0 \end{bmatrix} = 0 \qquad (9)$$

$$\dot{P}_1 = \begin{bmatrix} -d_1 \cdot \sin \varphi_{10} \cdot \omega_{10} - a_2 \cdot \cos \varphi_{10} \cdot \omega_{10} \\ d_1 \cdot \cos \varphi_{10} \cdot \omega_{10} - a_2 \cdot \sin \varphi_{10} \cdot \omega_{10} \\ \\ 0 \end{bmatrix} \tag{10}$$

$$\dot{P}_2 = \begin{bmatrix} -d_2 \cdot \sin \varphi_{10} \cdot \omega_{10} \cdot \cos \varphi_{20} - d_2 \cdot \cos \varphi_{10} \cdot \sin \varphi_{20} \cdot \omega_{20} - a_3 \cdot \cos \varphi_{10} \cdot \omega_{10} \\ d_2 \cdot \cos \varphi_{10} \cdot \omega_{10} \cdot \cos \varphi_{20} - d_2 \cdot \sin \varphi_{10} \cdot \sin \varphi_{20} \cdot \omega_{20} - a_3 \cdot \sin \varphi_{10} \cdot \omega_{10} \\ \\ d_2 \cdot \cos \varphi_{20} \cdot \omega_{20} \end{bmatrix} \tag{11}$$

$$\dot{T}_{03} = \begin{bmatrix} -\sin \varphi_{10} \cdot \omega_{10} & 0 & \cos \varphi_{10} \cdot \omega_{10} \\ \cos \varphi_{10} \cdot \omega_{10} & 0 & \sin \varphi_{10} \cdot \omega_{10} \\ 0 & 0 & 0 \end{bmatrix} \tag{12}$$

$$\dot{X}_{3M} = \begin{bmatrix} \dot{x}_{3M} \\ \dot{y}_{3M} \\ \dot{z}_{3M} \end{bmatrix} = \begin{bmatrix} -d_3 \cdot \sin \varphi_{30} \cdot \omega_{30} \\ d_3 \cdot \cos \varphi_{30} \cdot \omega_{30} \\ \\ 0 \end{bmatrix} \tag{13}$$

$$\dot{P}_{12} = \dot{P}_1 + \dot{P}_2 =$$

$$\begin{bmatrix} -d_1 \sin \varphi_{10}\omega_{10} - a_2 \cos \varphi_{10}\omega_{10} - a_3 \cos \varphi_{10}\omega_{10} - d_2 \sin \varphi_{10}\omega_{10} \cos \varphi_{20} - d_2 \cos \varphi_{10} \sin \varphi_{20}\omega_{20} \\ d_1 \cos \varphi_{10}\omega_{10} - a_2 \sin \varphi_{10}\omega_{10} - a_3 \sin \varphi_{10}\omega_{10} + d_2 \cos \varphi_{10}\omega_{10} \cos \varphi_{20} - d_2 \sin \varphi_{10} \sin \varphi_{20}\omega_{20} \\ \\ d_2 \cos \varphi_{20}\omega_{20} \end{bmatrix} \tag{14}$$

      În continuare se determină cele două produse matriciale (15 şi 16) din relaţia (8).

$$\dot{T}_{03} \cdot X_{3M} = \begin{bmatrix} -\sin\varphi_{10} \cdot \omega_{10} & 0 & \cos\varphi_{10} \cdot \omega_{10} \\ \cos\varphi_{10} \cdot \omega_{10} & 0 & \sin\varphi_{10} \cdot \omega_{10} \\ 0 & 0 & 0 \end{bmatrix} \cdot$$

$$\cdot \begin{bmatrix} d_3 \cdot \cos\varphi_{30} \\ d_3 \cdot \sin\varphi_{30} \\ 0 \end{bmatrix} = \begin{bmatrix} -d_3 \cdot \sin\varphi_{10} \cdot \omega_{10} \cdot \cos\varphi_{30} \\ d_3 \cdot \cos\varphi_{10} \cdot \omega_{10} \cdot \cos\varphi_{30} \\ 0 \end{bmatrix} \tag{15}$$

$$T_{03} \cdot \dot{X}_{3M} = \begin{bmatrix} \cos\varphi_{10} & 0 & \sin\varphi_{10} \\ \sin\varphi_{10} & 0 & -\cos\varphi_{10} \\ 0 & 1 & 0 \end{bmatrix} \cdot \begin{bmatrix} -d_3 \cdot \sin\varphi_{30} \cdot \omega_{30} \\ d_3 \cdot \cos\varphi_{30} \cdot \omega_{30} \\ 0 \end{bmatrix} = \tag{16}$$

$$= \begin{bmatrix} -d_3 \cdot \cos\varphi_{10} \cdot \sin\varphi_{30} \cdot \omega_{30} \\ -d_3 \cdot \sin\varphi_{10} \cdot \sin\varphi_{30} \cdot \omega_{30} \\ d_3 \cdot \cos\varphi_{30} \cdot \omega_{30} \end{bmatrix}$$

Putem acum să-l determinăm pe $\dot{X}_{0M}$:

$$\dot{X}_{0M} = \begin{bmatrix} (-d_1 \sin\varphi_{10}\omega_{10} - a_2 \cos\varphi_{10}\omega_{10} - a_3 \cos\varphi_{10}\omega_{10} - d_2 \sin\varphi_{10}\omega_{10} \cos\varphi_{20} - \\ -d_2 \cos\varphi_{10} \sin\varphi_{20}\omega_{20} - d_3 \sin\varphi_{10}\omega_{10} \cos\varphi_{30} - d_3 \cos\varphi_{10} \sin\varphi_{30}\omega_{30}) \\ \\ (d_1 \cos\varphi_{10}\omega_{10} - a_2 \sin\varphi_{10}\omega_{10} - a_3 \sin\varphi_{10}\omega_{10} + d_2 \cos\varphi_{10}\omega_{10} \cos\varphi_{20} - \\ -d_2 \sin\varphi_{10} \sin\varphi_{20}\omega_{20} + d_3 \cos\varphi_{10}\omega_{10} \cos\varphi_{30} - d_3 \sin\varphi_{10} \sin\varphi_{30}\omega_{30}) \\ \\ (d_2 \cos\varphi_{20}\omega_{20} + d_3 \cos\varphi_{30}\omega_{30}) \end{bmatrix} \tag{17}$$

Urmează relațiile accelerațiilor. Se derivează relația (8) și se obține expresia (18):

$$\ddot{X}_{0M} = \ddot{P}_{12} + \ddot{T}_{03} \cdot X_{3M} + \dot{T}_{03} \cdot \dot{X}_{3M} + \dot{T}_{03} \cdot \dot{X}_{3M} + T_{03} \cdot \ddot{X}_{3M} =$$
$$= \ddot{P}_{12} + \ddot{T}_{03} \cdot X_{3M} + 2 \cdot \dot{T}_{03} \cdot \dot{X}_{3M} + T_{03} \cdot \ddot{X}_{3M}$$

(18)

Unde:

$$\ddot{P}_{12} = \ddot{P}_1 + \ddot{P}_2 =$$

$$= \begin{bmatrix} (-d_1 \cos\varphi_{10}\omega_{10}^2 + a_2 \sin\varphi_{10}\omega_{10}^2 + a_3 \sin\varphi_{10}\omega_{10}^2 - d_2 \cos\varphi_{10}\omega_{10}^2 \cos\varphi_{20} + \\ + d_2 \sin\varphi_{10}\omega_{10} \sin\varphi_{20}\omega_{20} + d_2 \sin\varphi_{10}\omega_{10} \sin\varphi_{20}\omega_{20} - d_2 \cos\varphi_{10} \cos\varphi_{20}\omega_{20}^2) \\ \\ (-d_1 \sin\varphi_{10}\omega_{10}^2 - a_2 \cos\varphi_{10}\omega_{10}^2 - a_3 \cos\varphi_{10}\omega_{10}^2 - d_2 \sin\varphi_{10}\omega_{10}^2 \cos\varphi_{20} - \\ - d_2 \cos\varphi_{10}\omega_{10} \sin\varphi_{20}\omega_{20} - d_2 \cos\varphi_{10}\omega_{10} \sin\varphi_{20}\omega_{20} - d_2 \sin\varphi_{10} \cos\varphi_{20}\omega_{20}^2) \\ \\ (-d_2 \sin\varphi_{20}\omega_{20}^2) \end{bmatrix}$$

(19)

Forma destul de simplă a matricei $\ddot{P}_{12}$ se datorează faptului că cele trei viteze unghiulare ale actuatorilor s-au considerat constante (așa cum e normal să fie).

$$\ddot{T}_{03} = \begin{bmatrix} -\cos\varphi_{10} \cdot \omega_{10}^2 & 0 & -\sin\varphi_{10} \cdot \omega_{10}^2 \\ -\sin\varphi_{10} \cdot \omega_{10}^2 & 0 & \cos\varphi_{10} \cdot \omega_{10}^2 \\ 0 & 0 & 0 \end{bmatrix}$$

(20)

$$\ddot{X}_{3M} = \begin{bmatrix} -d_3 \cdot \cos\varphi_{30} \cdot \omega_{30}^2 \\ -d_3 \cdot \sin\varphi_{30} \cdot \omega_{30}^2 \\ 0 \end{bmatrix}$$

(21)

$$2 \cdot \dot{T}_{03} \cdot \dot{X}_{3M} = \begin{bmatrix} 2 \cdot d_3 \cdot \sin\varphi_{10} \cdot \omega_{10} \cdot \sin\varphi_{30} \cdot \omega_{30} \\ -2 \cdot d_3 \cdot \cos\varphi_{10} \cdot \omega_{10} \cdot \sin\varphi_{30} \cdot \omega_{30} \\ 0 \end{bmatrix}$$

(22)

$$\ddot{T}_{03} \cdot X_{3M} = \begin{bmatrix} -\cos\varphi_{10} \cdot \omega_{10}^2 & 0 & -\sin\varphi_{10} \cdot \omega_{10}^2 \\ -\sin\varphi_{10} \cdot \omega_{10}^2 & 0 & \cos\varphi_{10} \cdot \omega_{10}^2 \\ 0 & 0 & 0 \end{bmatrix} \cdot \begin{bmatrix} d_3 \cdot \cos\varphi_{30} \\ d_3 \cdot \sin\varphi_{30} \\ 0 \end{bmatrix} = \tag{23}$$

$$= \begin{bmatrix} -d_3 \cdot \cos\varphi_{10} \cdot \omega_{10}^2 \cdot \cos\varphi_{30} \\ -d_3 \cdot \sin\varphi_{10} \cdot \omega_{10}^2 \cdot \cos\varphi_{30} \\ 0 \end{bmatrix}$$

$$T_{03} \cdot \ddot{X}_{3M} = \begin{bmatrix} \cos\varphi_{10} & 0 & \sin\varphi_{10} \\ \sin\varphi_{10} & 0 & -\cos\varphi_{10} \\ 0 & 1 & 0 \end{bmatrix} \cdot \begin{bmatrix} -d_3 \cdot \cos\varphi_{30} \cdot \omega_{30}^2 \\ -d_3 \cdot \sin\varphi_{30} \cdot \omega_{30}^2 \\ 0 \end{bmatrix} = \tag{24}$$

$$= \begin{bmatrix} -d_3 \cdot \cos\varphi_{10} \cdot \cos\varphi_{30} \cdot \omega_{30}^2 \\ -d_3 \cdot \sin\varphi_{10} \cdot \cos\varphi_{30} \cdot \omega_{30}^2 \\ -d_3 \cdot \sin\varphi_{30} \cdot \omega_{30}^2 \end{bmatrix}$$

Se obține matricea accelerațiilor endefectorului în funcție de rotațiile și vitezele unghiulare ale celor trei actuatori, cu $\omega_{10} = ct$, $\omega_{20} = ct$, $\omega_{30} = ct$.

$$\ddot{X}_{0M} =$$

$$\begin{bmatrix} (-d_1 \cos\varphi_{10}\omega_{10}^2 + a_2 \sin\varphi_{10}\omega_{10}^2 + a_3 \sin\varphi_{10}\omega_{10}^2 - d_2 \cos\varphi_{10}\omega_{10}^2 \cos\varphi_{20} + \\ + 2d_2 \sin\varphi_{10}\omega_{10} \sin\varphi_{20}\omega_{20} - d_2 \cos\varphi_{10} \cos\varphi_{20}\omega_{20}^2 + 2d_3 \sin\varphi_{10}\omega_{10} \sin\varphi_{30}\omega_{30} - \\ - d_3 \cos\varphi_{10}\omega_{10}^2 \cos\varphi_{30} - d_3 \cos\varphi_{10} \cos\varphi_{30}\omega_{30}^2) \\ \\ (-d_1 \sin\varphi_{10}\omega_{10}^2 - a_2 \cos\varphi_{10}\omega_{10}^2 - a_3 \cos\varphi_{10}\omega_{10}^2 - d_2 \sin\varphi_{10}\omega_{10}^2 \cos\varphi_{20} - \\ - 2d_2 \cos\varphi_{10}\omega_{10} \sin\varphi_{20}\omega_{20} - d_2 \sin\varphi_{10} \cos\varphi_{20}\omega_{20}^2 - 2d_3 \cos\varphi_{10}\omega_{10} \sin\varphi_{30}\omega_{30} - \\ - d_3 \sin\varphi_{10}\omega_{10}^2 \cos\varphi_{30} - d_3 \sin\varphi_{10} \cos\varphi_{30}\omega_{30}^2) \\ \\ (-d_2 \sin\varphi_{20}\omega_{20}^2 - d_3 \sin\varphi_{30}\omega_{30}^2) \end{bmatrix} \tag{25}$$

Cap 07_Elemente de dinamică la MP-3R

(partea I-a)

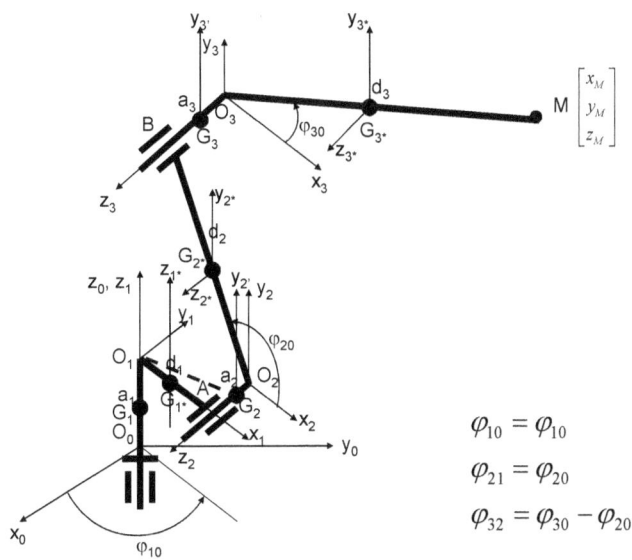

Fig. 1. Geometria, cinematica şi dinamica unui MP-3R

Centrele de greutate ale elementelor.

În fig. 1, s-au reprezentat centrele de greutate ale sistemului MP-3R. Pentru fiecare element în parte s-au considerat două elemente pentru a putea efectua calculele separat pentru direcțiile diferite ale părților fiecărui element. Astfel elementul 1 a fost separat în două părți O_0O_1 cu centrul de greutate în G_1 şi O_1A cu centrul de greutate în G_{1*}. Elementul doi a fost împărțit în două subelemente: AO_2 cu centrul de greutate în G_2 şi O_2B cu centrul de greutate în G_{2*}. Ultimul element (elementul trei al MP-3R) a fost şi el reconsiderat fiind divizat în două subelemente: BO_3 cu centrul de greutate în G_3, şi O_3M cu centrul de greutate în G_{3*}. Pentru antamarea calculelor s-au considerat toate centrele de greutate poziționate la mijlocul elementelor respective, elementele fiind de tip bară (cilindrică, sau de altă formă).

Dinamica oricărui sistem necesită cunoaşterea energiei mecanice cinetice a sistemului. Este punctul de plecare numărul unu al determinării unor calcule şi relații de calcul dinamic al oricărui sistem mecanic. Problema la sistemele MP-3R este faptul că ele lucrează spațial şi deci energia cinetică a sistemului cuprinde elemente spațiale (nu se poate încadra numai într-un plan).

Ecuația Lagrange utilizată are forma clasică (1) cunoscută:

$$\frac{d}{dt}\left(\frac{\partial \varepsilon}{\partial \dot{q}_k}\right) - \frac{\partial \varepsilon}{\partial q_k} = Q_k \qquad (1)$$

cu k=1, 2, 3.

Cea mai normală determinare dinamică a unui sistem se face utilizând ecuaţiile „Lagrange". Din sistemul (1) se vor scrie trei ecuaţii diferite. Pentru aceasta este necesar ca în prealabil să determinăm ecuaţia energiei cinetice (mecanice) a sistemului considerat ($\varepsilon = \varepsilon(q_k, \dot{q}_k)$). În spaţiu energia cinetică are pentru fiecare element în parte şase componente (în cazul cel mai general): trei pentru vitezele liniare şi alte trei pentru vitezele unghiulare. În cazul vitezelor liniare, decât să scriem trei energii cinetice (aceeaşi masă a elementului înjumătăţită şi înmulţită separat cu pătratul fiecărei componente scalare a vitezei în centrul de masă) este mai simplu să scriem doar o singură ecuaţie rezultantă, adică să înmulţim jumatate din masa elementului respectiv (în cazul de faţă fiecare subelement va fi cotat ca un element, astfel încât din trei elemente vor rezulta şase) cu pătratul vitezei absolute a elementului considerat, determinată (viteza absolută) în centrul de masă al elementului respectiv. Astfel vom determina vitezele absolute în centrele de masă ale elementelor şi pătratele vitezelor absolute, după care împreună şi cu momentele inerţiale (masice) mecanice şi cu pătratele vitezelor unghiulare ale elementului determinate pe trei axe mobile (solidare cu elementul în mişcare) aşezate în formă rectangulară (se alege practic un sistem de coordonate mobile, rectangular, solidar cu fiecare element în parte). În cazul cel mai general pentru fiecare din cele şase elemente rezultate vom avea maxim patru expresii pentru energia cinetică (mecanică) a sistemului.

În continuare se vor determina vitezele absolute (şi pătratele lor) pentru fiecare din cele şase elemente rezultate ale sistemului (MP-3R).

În centrul de greutate G_1 viteza absolută este nulă (2).

$$v_{G_1} = 0 \cdot \omega_1 = 0 \qquad (2)$$

În centrul de greutate G_{1*} viteza absolută are valoarea (3).

$$v_{G_{1*}} = \frac{d_1}{2} \cdot \omega_1 \qquad v_{G_{1*}}^2 = \frac{1}{4} \cdot d_1^2 \cdot \omega_1^2 \qquad (3)$$

În centrul de greutate G_2 viteza absolută capătă expresia (4).

$$\begin{cases} O_1G_2 = \sqrt{d_1^2 + \left(\dfrac{a_2}{2}\right)^2} \\[2mm] v_{G_2} = O_1G_2 \cdot \omega_1 \\[2mm] v_{G_2}^2 = \left(O_1G_2\right)^2 \cdot \omega_1^2 = \left[d_1^2 + \left(\dfrac{a_2}{2}\right)^2\right] \cdot \omega_1^2 \end{cases} \qquad (4)$$

În centrul de greutate G_{2*} pătratul vitezei absolute ia forma (5).

$$\begin{cases} x_{G_{2*}} = d_1 \cdot \cos\varphi_{10} - a_2 \cdot \sin\varphi_{10} + \dfrac{1}{2} \cdot d_2 \cdot \cos\varphi_{20} \cdot \cos\varphi_{10} \\[2mm] y_{G_{2*}} = d_1 \cdot \sin\varphi_{10} + a_2 \cdot \cos\varphi_{10} + \dfrac{1}{2} \cdot d_2 \cdot \cos\varphi_{20} \cdot \sin\varphi_{10} \\[2mm] z_{G_{2*}} = a_1 + \dfrac{1}{2} \cdot d_2 \cdot \sin\varphi_{20} \\[2mm] \dot{x}_{G_{2*}} = -d_1 \cdot \sin\varphi_{10} \cdot \omega_{10} - a_2 \cdot \cos\varphi_{10} \cdot \omega_{10} - \\[2mm] -\dfrac{1}{2} \cdot d_2 \cdot \sin\varphi_{20} \cdot \omega_{20} \cdot \cos\varphi_{10} - \dfrac{1}{2} \cdot d_2 \cdot \cos\varphi_{20} \cdot \sin\varphi_{10} \cdot \omega_{10} \\[2mm] \dot{y}_{G_{2*}} = d_1 \cdot \cos\varphi_{10} \cdot \omega_{10} - a_2 \cdot \sin\varphi_{10} \cdot \omega_{10} - \\[2mm] -\dfrac{1}{2} \cdot d_2 \cdot \sin\varphi_{20} \cdot \omega_{20} \cdot \sin\varphi_{10} + \dfrac{1}{2} \cdot d_2 \cdot \cos\varphi_{20} \cdot \cos\varphi_{10} \cdot \omega_{10} \\[2mm] \dot{z}_{G_{2*}} = \dfrac{1}{2} \cdot d_2 \cdot \cos\varphi_{20} \cdot \omega_{20} \\[2mm] v_{G_{2*}}^2 = d_1^2 \cdot \omega_{10}^2 + a_2^2 \cdot \omega_{10}^2 + \dfrac{1}{4} \cdot d_2^2 \cdot \omega_{20}^2 + \dfrac{1}{4} \cdot d_2^2 \cdot \omega_{10}^2 \cdot \cos^2\varphi_{20} + \\[2mm] + d_1 \cdot d_2 \cdot \omega_{10}^2 \cdot \cos\varphi_{20} + a_2 \cdot d_2 \cdot \omega_{10} \cdot \omega_{20} \cdot \sin\varphi_{20} \end{cases} \qquad (5)$$

În centrul de greutate G_3 coordonatele scalare de poxiţie iau forma (6) iar pătratul vitezei absolute îmbracă forma (7).

$$\begin{cases} x_{G_3} = d_1 \cdot \cos\varphi_{10} - \left(a_2 + \dfrac{1}{2}a_3\right) \cdot \sin\varphi_{10} + d_2 \cdot \cos\varphi_{10} \cdot \cos\varphi_{20} \\[2mm] y_{G_3} = d_1 \cdot \sin\varphi_{10} + \left(a_2 + \dfrac{1}{2}a_3\right) \cdot \cos\varphi_{10} + d_2 \cdot \sin\varphi_{10} \cdot \cos\varphi_{20} \\[2mm] z_{G_3} = a_1 + d_2 \cdot \sin\varphi_{20} \end{cases} \qquad (6)$$

$$\begin{cases}
\dot{x}_{G_3} = -d_1 \cdot \sin\varphi_{10} \cdot \omega_{10} - \left(a_2 + \frac{1}{2}a_3\right) \cdot \cos\varphi_{10} \cdot \omega_{10} - \\[2mm]
\quad - d_2 \cdot \sin\varphi_{10} \cdot \omega_{10} \cdot \cos\varphi_{20} - d_2 \cdot \cos\varphi_{10} \cdot \sin\varphi_{20} \cdot \omega_{20} \\[2mm]
\dot{y}_{G_3} = d_1 \cdot \cos\varphi_{10} \cdot \omega_{10} - \left(a_2 + \frac{1}{2}a_3\right) \cdot \sin\varphi_{10} \cdot \omega_{10} + \\[2mm]
\quad + d_2 \cdot \cos\varphi_{10} \cdot \omega_{10} \cdot \cos\varphi_{20} - d_2 \cdot \sin\varphi_{10} \cdot \sin\varphi_{20} \cdot \omega_{20} \\[2mm]
\dot{z}_{G_3} = d_2 \cdot \cos\varphi_{20} \cdot \omega_{20} \\[2mm]
v_{G_3}^2 = \dot{x}_{G_3}^2 + \dot{y}_{G_3}^2 + \dot{z}_{G_3}^2 = d_1^2 \cdot \omega_{10}^2 + d_2^2 \cdot \omega_{20}^2 \cdot \cos^2\varphi_{20} + \left(a_2 + \frac{1}{2}a_3\right)^2 \cdot \omega_{10}^2 + \\[2mm]
\quad + d_2^2 \cdot \omega_{10}^2 \cdot \cos^2\varphi_{20} + d_2^2 \cdot \omega_{20}^2 \cdot \sin^2\varphi_{20} + 2 \cdot d_1 \cdot d_2 \cdot \omega_{10}^2 \cdot \cos\varphi_{20} + \\[2mm]
\quad + 2 \cdot d_2 \cdot \left(a_2 + \frac{1}{2}a_3\right) \cdot \sin\varphi_{20} \cdot \omega_{10} \cdot \omega_{20} \\[2mm]
v_{G_3}^2 = \left[d_1^2 + \left(a_2 + \frac{1}{2}a_3\right)^2 + d_2^2 \cdot \cos^2\varphi_{20} + 2 \cdot d_1 \cdot d_2 \cdot \cos\varphi_{20}\right] \cdot \omega_{10}^2 + \\[2mm]
\quad + d_2^2 \cdot \omega_{20}^2 + 2 \cdot d_2 \cdot \left(a_2 + \frac{1}{2}a_3\right) \cdot \sin\varphi_{20} \cdot \omega_{10} \cdot \omega_{20} \qquad (7)
\end{cases}$$

În centrul de greutate G_{3*} coordonatele scalare de poxiţie iau forma (8) iar pătratul vitezei absolute îmbracă forma (9).

$$\begin{cases}
x_{G_{3*}} = d_1 \cdot \cos\varphi_{10} - (a_2 + a_3) \cdot \sin\varphi_{10} + \\[2mm]
\quad + d_2 \cdot \cos\varphi_{10} \cdot \cos\varphi_{20} + \frac{1}{2} \cdot d_3 \cdot \cos\varphi_{30} \cdot \cos\varphi_{10} \\[2mm]
y_{G_{3*}} = d_1 \cdot \sin\varphi_{10} + (a_2 + a_3) \cdot \cos\varphi_{10} + \\[2mm]
\quad + d_2 \cdot \sin\varphi_{10} \cdot \cos\varphi_{20} + \frac{1}{2} \cdot d_3 \cdot \cos\varphi_{30} \cdot \sin\varphi_{10} \\[2mm]
z_{G_{3*}} = a_1 + d_2 \cdot \sin\varphi_{20} + \frac{1}{2} \cdot d_3 \cdot \sin\varphi_{30}
\end{cases} \qquad (8)$$

$$\begin{cases}
\dot{x}_{G_{3*}} = -d_1 \cdot \sin\varphi_{10} \cdot \omega_{10} - (a_2 + a_3) \cdot \cos\varphi_{10} \cdot \omega_{10} - \\
\quad - d_2 \cdot \sin\varphi_{10} \cdot \omega_{10} \cdot \cos\varphi_{20} - d_2 \cdot \cos\varphi_{10} \cdot \sin\varphi_{20} \cdot \omega_{20} - \\
\quad - \dfrac{1}{2} \cdot d_3 \cdot \sin\varphi_{30} \cdot \omega_{30} \cdot \cos\varphi_{10} - \dfrac{1}{2} \cdot d_3 \cdot \cos\varphi_{30} \cdot \sin\varphi_{10} \cdot \omega_{10} \\[4pt]
\dot{y}_{G_{3*}} = d_1 \cdot \cos\varphi_{10} \cdot \omega_{10} - (a_2 + a_3) \cdot \sin\varphi_{10} \cdot \omega_{10} + \\
\quad + d_2 \cdot \cos\varphi_{10} \cdot \omega_{10} \cdot \cos\varphi_{20} - d_2 \cdot \sin\varphi_{10} \cdot \sin\varphi_{20} \cdot \omega_{20} - \\
\quad - \dfrac{1}{2} \cdot d_3 \cdot \sin\varphi_{30} \cdot \omega_{30} \cdot \sin\varphi_{10} + \dfrac{1}{2} \cdot d_3 \cdot \cos\varphi_{30} \cdot \cos\varphi_{10} \cdot \omega_{10} \\[4pt]
\dot{z}_{G_{3*}} = d_2 \cdot \cos\varphi_{20} \cdot \omega_{20} + \dfrac{1}{2} \cdot d_3 \cdot \cos\varphi_{30} \cdot \omega_{30} \\[8pt]
v_{G_{3*}}^2 = \dot{x}_{G_{3*}}^2 + \dot{y}_{G_{3*}}^2 + \dot{z}_{G_{3*}}^2 = d_1^2 \cdot \omega_{10}^2 + (a_2 + a_3)^2 \cdot \omega_{10}^2 + d_2^2 \cdot \omega_{10}^2 \cdot \cos^2\varphi_{20} + \\
\quad + d_2^2 \cdot \omega_{20}^2 \cdot \sin^2\varphi_{20} + \dfrac{1}{4} \cdot d_3^2 \cdot \omega_{30}^2 \cdot \sin^2\varphi_{30} + \dfrac{1}{4} \cdot d_3^2 \cdot \omega_{10}^2 \cdot \cos^2\varphi_{30} + \\
\quad + d_2^2 \cdot \omega_{20}^2 \cdot \cos^2\varphi_{20} + \dfrac{1}{4} \cdot d_3^2 \cdot \omega_{30}^2 \cdot \cos^2\varphi_{30} + \\
\quad + d_2 \cdot d_3 \cdot \omega_{20} \cdot \omega_{30} \cdot \cos\varphi_{20} \cdot \cos\varphi_{30} + 2 \cdot d_1 \cdot d_2 \cdot \omega_{10}^2 \cdot \cos\varphi_{20} + \\
\quad + d_1 \cdot d_3 \cdot \omega_{10}^2 \cdot \cos\varphi_{30} + 2 \cdot d_2 \cdot (a_2 + a_3) \cdot \omega_{10} \cdot \omega_{20} \cdot \sin\varphi_{20} + \\
\quad + d_3 \cdot (a_2 + a_3) \cdot \omega_{10} \cdot \omega_{30} \cdot \sin\varphi_{30} + d_2 \cdot d_3 \cdot \omega_{10}^2 \cdot \cos\varphi_{20} \cdot \cos\varphi_{30} + \\
\quad + d_2 \cdot d_3 \cdot \omega_{20} \cdot \omega_{30} \cdot \sin\varphi_{20} \cdot \sin\varphi_{30} \hspace{6cm} (9) \\[8pt]
v_{G_{3*}}^2 = [d_1^2 + (a_2 + a_3)^2 + d_2^2 \cdot \cos^2\varphi_{20} + \dfrac{1}{4} \cdot d_3^2 \cdot \cos^2\varphi_{30} + \\
\quad + 2 \cdot d_1 \cdot d_2 \cdot \cos\varphi_{20} + d_1 \cdot d_3 \cdot \cos\varphi_{30} + d_2 \cdot d_3 \cdot \cos\varphi_{20} \cdot \cos\varphi_{30}] \cdot \omega_{10}^2 + \\
\quad + d_2^2 \cdot \omega_{20}^2 + \dfrac{1}{4} \cdot d_3^2 \cdot \omega_{30}^2 + d_2 \cdot d_3 \cdot \omega_{20} \cdot \omega_{30} \cdot \cos(\varphi_{30} - \varphi_{20}) + \\
\quad + 2 \cdot d_2 \cdot (a_2 + a_3) \cdot \omega_{10} \cdot \omega_{20} \cdot \sin\varphi_{20} + d_3 \cdot (a_2 + a_3) \cdot \omega_{10} \cdot \omega_{30} \cdot \sin\varphi_{30}
\end{cases}$$

Putem acum să recapitulăm valorile tuturor pătratelor vitezelor determinate în cele șase centre de greutate ale sistemului (relația 10).

$$\begin{cases} v_{G_1}^2 = 0 \\[2mm] v_{G_{1^*}}^2 = \frac{1}{4} \cdot d_1^2 \cdot \omega_1^2 \\[4mm] \hline \\ v_{G_2}^2 = \left(O_1 G_2\right)^2 \cdot \omega_1^2 = \left[d_1^2 + \left(\frac{a_2}{2}\right)^2 \right] \cdot \omega_1^2 \\[4mm] v_{G_{2^*}}^2 = d_1^2 \cdot \omega_{10}^2 + a_2^2 \cdot \omega_{10}^2 + \frac{1}{4} \cdot d_2^2 \cdot \omega_{20}^2 + \frac{1}{4} \cdot d_2^2 \cdot \omega_{10}^2 \cdot \cos^2 \varphi_{20} + \\ \quad + d_1 \cdot d_2 \cdot \omega_{10}^2 \cdot \cos \varphi_{20} + a_2 \cdot d_2 \cdot \omega_{10} \cdot \omega_{20} \cdot \sin \varphi_{20} \\[4mm] \hline \\ v_{G_3}^2 = \left[d_1^2 + \left(a_2 + \frac{1}{2} a_3 \right)^2 + d_2^2 \cdot \cos^2 \varphi_{20} + 2 \cdot d_1 \cdot d_2 \cdot \cos \varphi_{20} \right] \cdot \omega_{10}^2 + \\ \quad + d_2^2 \cdot \omega_{20}^2 + 2 \cdot d_2 \cdot \left(a_2 + \frac{1}{2} a_3 \right) \cdot \sin \varphi_{20} \cdot \omega_{10} \cdot \omega_{20} \\[4mm] v_{G_{3^*}}^2 = [d_1^2 + (a_2 + a_3)^2 + d_2^2 \cdot \cos^2 \varphi_{20} + \frac{1}{4} \cdot d_3^2 \cdot \cos^2 \varphi_{30} + \\ \quad + 2 \cdot d_1 \cdot d_2 \cdot \cos \varphi_{20} + d_1 \cdot d_3 \cdot \cos \varphi_{30} + d_2 \cdot d_3 \cdot \cos \varphi_{20} \cdot \cos \varphi_{30}] \cdot \omega_{10}^2 + \\ \quad + d_2^2 \cdot \omega_{20}^2 + \frac{1}{4} \cdot d_3^2 \cdot \omega_{30}^2 + d_2 \cdot d_3 \cdot \omega_{20} \cdot \omega_{30} \cdot \cos(\varphi_{30} - \varphi_{20}) + \\ \quad + 2 \cdot d_2 \cdot (a_2 + a_3) \cdot \omega_{10} \cdot \omega_{20} \cdot \sin \varphi_{20} + d_3 \cdot (a_2 + a_3) \cdot \omega_{10} \cdot \omega_{30} \cdot \sin \varphi_{30} \end{cases}$$

(10)

Cap 08_Elemente de dinamică la MP-3R
(partea a II-a)

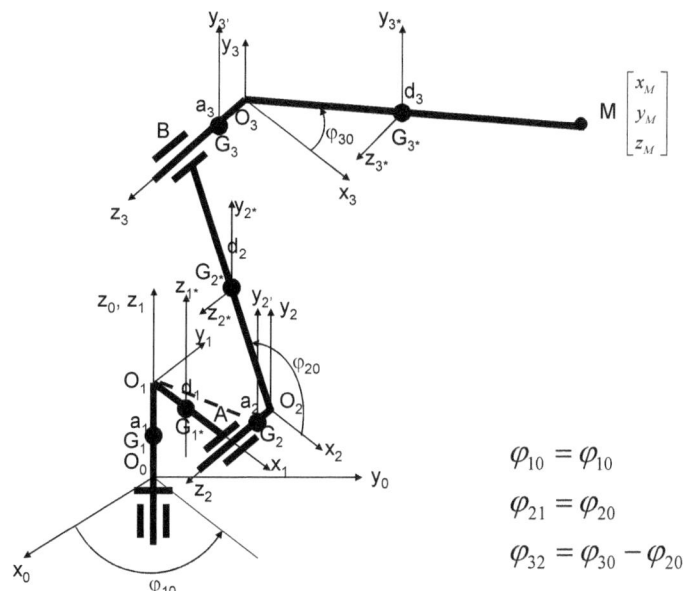

$$\varphi_{10} = \varphi_{10}$$

$$\varphi_{21} = \varphi_{20}$$

$$\varphi_{32} = \varphi_{30} - \varphi_{20}$$

Fig. 1. Geometria, cinematica și dinamica unui MP-3R

Centrele de greutate ale elementelor.

În fig. 1, s-au reprezentat centrele de greutate ale sistemului MP-3R.

În continuare se vor determina momentele de inerție masice (mecanice) și relațiile energiei cinetice pentru fiecare element cinematic considerat (așa cum s-a stabilit deja există șase elemente în loc de trei).

Pentru elementul 1, O_0O_1, se determină momentul de inerție mecanic pe axa principală, singura care permite o rotație a elementului (relația 11).

$$J_{G_1}^{z_1} = \frac{1}{2} \cdot m_1 \cdot r_1^2 \tag{11}$$

Momentul de inerție mecanic (masic) se notează cu J.

El trebuie să fie deosebit de momentul de inerție geometric (rezistent), care se notează în general (corect) cu I. Momentele inerțiale masic și geometric se leagă între ele întotdeauna printr-o relație fizico-matematică. Dacă momentul inerțial geometric este utilizat cu precădere la calculele de rezistența materialelor și în proiectarea organelor de mașini, în cadrul fizicii mecanice, a mecanicii, mecanismelor, roboticii, motoarelor, transmisiilor, (etc...) studiul dinamic (fiziologic) al mecanismelor și componentelor sistemelor se face obligatoriu și cu ajutorul maselor inerțiale aflate în mișcare; masele obijnuite ale elementelor (notate cu m) sunt utilizate la mișcarea de translație, iar masele inerțiale (notate cu J) au un rol determinant în mișcarea de rotație (a elementelor sistemului). Există momente inerțiale mecanice (masice) proiectate pe un punct, pe o axă, sau pe un plan. Convenția în mecanică și mecanisme este să utilizăm în general (cu precădere) momentele de inerție masice proiectate într-un punct, de obicei punctul fiind centrul de greutate (de masă, sau de simetrie) al elementului respectiv. Pentru elementul 1 utilizăm centrul de masă G_1 care pentru axa principală z, a elementului (care este și axa principală de rotație) are același moment inerțial masic (mecanic) în orice punct al axei (relația 11). Pentru două axe rectangulare x și y momentul masic inerțial are valoarea înjumătățită (relația 12), pentru cazurile cele mai des utilizate, când avem un corp cilindric de rază r_1 oarecare. O altă relație aproximativă utilizată pentru aceste valori inerțiale atunci când corpul este lung și foarte subțire (când raza este neglijabilă în raport cu lungimea) este relația (13), unde l_1 ar fi a_1 dacă raza r_1 ar fi neglijabilă în raport cu lungimea a_1. O relație mai exactă (generală) pentru acest caz ar fi (14).

$$J_{G_1}^{x_1} = J_{G_1}^{y_1} = \frac{1}{2} \cdot J_{G_1}^{z_1} = \frac{1}{4} \cdot m_1 \cdot r_1^2 \qquad (12)$$

$$J_{G_1}^{x_1} = J_{G_1}^{y_1} = \frac{1}{12} \cdot m_1 \cdot l_1^2 \qquad (13)$$

$$J_{G_1}^{x_1} = J_{G_1}^{y_1} = \frac{1}{4} \cdot m_1 \cdot r_1^2 + \frac{1}{12} \cdot m_1 \cdot a_1^2 \qquad (14)$$

În continuare vom utiliza numai relația (12), deoarece sistemele studiate au elemente cilindrice cu diametre semnificative (razele cilindrilor aproximativi sunt suficient de mari). Dacă forma elementului nu este cilindrică ea se poate aproxima tot cu un cilindru.

Pentru elementul 1 nu avem rotație decât după axa z.

Energia cinetică a elementului unu capătă forma (15) (se consideră dublul energiei cinetice):

$$2 \cdot \varepsilon_1 = m_1 \cdot v_{G_1}^2 + J_{G_1}^{z_1} \cdot \omega_{10}^2 =$$
$$= 0 + \frac{1}{2} \cdot m_1 \cdot r_1^2 \cdot \omega_{10}^2 = \frac{1}{2} \cdot m_1 \cdot r_1^2 \cdot \omega_{10}^2 \qquad (15)$$

Pe elementul 1*, în centrul de greutate G_{1*} energia cinetică se scrie (16):

$$2 \cdot \varepsilon_{1*} = m_{1*} \cdot v_{G_{1*}}^2 + J_{G_{1*}}^{z_{1*}} \cdot \omega_{10}^2 =$$
$$= \frac{1}{4} \cdot m_{1*} \cdot d_1^2 \cdot \omega_{10}^2 + \frac{1}{4} \cdot m_{1*} \cdot r_{1*}^2 \cdot \omega_{10}^2 = \frac{1}{4} \cdot m_{1*} \cdot \omega_{10}^2 \cdot \left(d_1^2 + r_{1*}^2 \right) \qquad (16)$$

Pe elementul 2 în centrul de greutate G_2 energia cinetică ia forma (17).

$$2 \cdot \varepsilon_2 = m_2 \cdot v_{G_2}^2 + J_{G_2}^{y_2'} \cdot \omega_{10}^2 + J_{G_2}^{z_2} \cdot \omega_{20}^2 =$$

$$= m_2 \cdot \left(d_1^2 + \frac{1}{4} \cdot a_2^2 \right) \cdot \omega_{10}^2 + \frac{1}{4} \cdot m_2 \cdot r_2^2 \cdot \omega_{10}^2 + \frac{1}{2} \cdot m_2 \cdot r_2^2 \cdot \omega_{20}^2 = \quad (17)$$

$$= m_2 \cdot \left(d_1^2 + \frac{1}{4} \cdot a_2^2 + \frac{1}{4} \cdot r_2^2 \right) \cdot \omega_{10}^2 + \frac{1}{2} \cdot m_2 \cdot r_2^2 \cdot \omega_{20}^2$$

Pe elementul 2* în centrul de greutate G_{2*} energia cinetică ia forma (18 și 20).

$$2 \cdot \varepsilon_{2*} = m_{2*} \cdot v_{G_{2*}}^2 + J_{G_{2*}}^{z_2^*} \cdot \omega_{20}^2 + J_{G_{2*}}^{y_2^*} \cdot \omega_{10}^2 =$$

$$= m_{2*} \cdot \left(d_1^2 + a_2^2 + \frac{1}{4} \cdot d_2^2 \cdot \cos^2 \varphi_{20} + d_1 \cdot d_2 \cdot \cos \varphi_{20} \right) \cdot \omega_{10}^2 +$$

$$+ \frac{1}{4} \cdot m_{2*} \cdot d_2^2 \cdot \omega_{20}^2 + m_{2*} \cdot a_2 \cdot d_2 \cdot \sin \varphi_{20} \cdot \omega_{10} \cdot \omega_{20} + \qquad (18)$$

$$+ \frac{J_2}{2} \cdot \omega_{20}^2 + \frac{J_2}{2} \cdot \left(1 + \sin^2 \varphi_{20} \right) \cdot \omega_{10}^2 \qquad cu \qquad J_2 = \frac{1}{2} \cdot m_{2*} \cdot r_{2*}^2$$

Se utilizează și relațiile intermediare (19 și 21) pentru determinarea energiilor cinetice de pe element corespunzătoare rotațiilor.

$$\begin{cases} J_{G_{2*}}^{z_2^*} \cdot \omega_{20}^2 = \dfrac{J_2}{2} \cdot \omega_{20}^2 = \dfrac{1}{4} \cdot m_{2*} \cdot r_{2*}^2 \cdot \omega_{20}^2 \\[3mm] J_{G_{2*}}^{y_2^*} \cdot \omega_{10}^2 = \dfrac{J_2}{2} \cdot \left(1 + \sin^2 \varphi_{20} \right) \cdot \omega_{10}^2 = \\[3mm] = \dfrac{1}{4} \cdot m_{2*} \cdot r_{2*}^2 \cdot \left(1 + \sin^2 \varphi_{20} \right) \cdot \omega_{10}^2 \end{cases} \qquad (19)$$

$$2 \cdot \varepsilon_{2*} = m_{2*} \cdot v_{G_{2*}}^2 + J_{G_{2*}}^{z_2^*} \cdot \omega_{20}^2 + J_{G_{2*}}^{y_2^*} \cdot \omega_{10}^2 =$$

$$= \left(d_1^2 + a_2^2 + \frac{1}{4} \cdot d_2^2 \cdot \cos^2 \varphi_{20} + d_1 \cdot d_2 \cdot \cos \varphi_{20} + \frac{1}{4} \cdot r_{2*}^2 \cdot (1 + \sin^2 \varphi_{20}) \right) \cdot \quad (20)$$

$$\cdot m_{2*} \cdot \omega_{10}^2 + \frac{1}{4} \cdot m_{2*} \cdot \left(d_2^2 + r_{2*}^2 \right) \cdot \omega_{20}^2 + m_{2*} \cdot a_2 \cdot d_2 \cdot \sin \varphi_{20} \cdot \omega_{10} \cdot \omega_{20}$$

Relațiile (21) explică obținerea expresiilor (19); a se urmări și figura 2, în care se pot observa cele două triedre rectangulare diferite formate de axele din punctul G_{2*}. Se cunosc momentele de inerție mecanice J_{2*} pe axele z_{2*} și x_b, momentul inerțial J_2 pe axa principală a elementului 2* și trebuie calculat momentul inerțial de pe axa y_{2*} verticală, dar înclinată față de element cu unghiul $\varphi_{20} - 90$ (elementul se află dea lungul axei $G_{2*}y_a$).

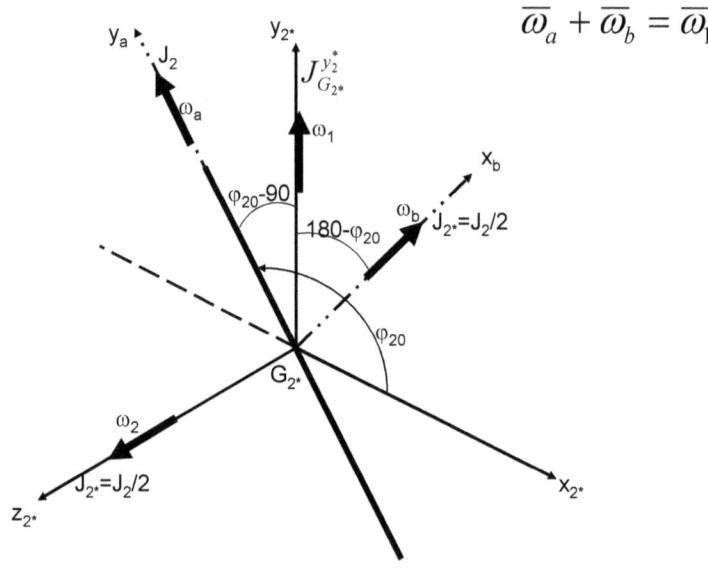

Fig. 2. Geometria și cinematica în punctul G_{2*}

Momentele inerțiale.

$$\left\{\begin{array}{l}\overline{\omega}_a + \overline{\omega}_b = \overline{\omega}_1 \\ \omega_a^2 + \omega_b^2 = \omega_1^2 \\ \omega_a = \omega_1 \cdot \cos(\varphi_{20} - 90) = \omega_1 \cdot \sin\varphi_{20} \\ \omega_b = \omega_1 \cdot \cos(180 - \varphi_{20}) = \omega_1 \cdot \sin(\varphi_{20} - 90) \\ \\ J_{G_{2*}}^{y_2^*} \cdot \omega_1^2 = J_2 \cdot \omega_a^2 + \dfrac{J_2}{2} \cdot \omega_b^2 = \dfrac{J_2}{2} \cdot \omega_a^2 + \dfrac{J_2}{2} \cdot \left(\omega_a^2 + \omega_b^2\right) = \\ \\ = \dfrac{J_2}{2} \cdot \omega_a^2 + \dfrac{J_2}{2} \cdot \omega_1^2 = \dfrac{J_2}{2} \cdot \left(\omega_a^2 + \omega_1^2\right) = \dfrac{J_2}{2} \cdot \left(\omega_1^2 \cdot \sin^2\varphi_{20} + \omega_1^2\right) = \\ \\ = \dfrac{J_2}{2} \cdot \omega_1^2 \cdot \left(1 + \sin^2\varphi_{20}\right) \Rightarrow J_{G_2}^{y_2^*} = \dfrac{J_2}{2} \cdot \left(1 + \sin^2\varphi_{20}\right) \end{array}\right. \tag{21}$$

Pe elementul 3, în centrul de greutate G_3, energia cinetică ia forma (22) și expresia finală (26).

$$2 \cdot \varepsilon_3 = m_3 \cdot v_{G_3}^2 + J_{G_3}^{y_3'} \cdot \omega_{10}^2 + J_{G_3}^{z_3} \cdot \omega_{30}^2 \tag{22}$$

Unde dublul energiei cinetice datorate translației are expresia (23).

$$2 \cdot \varepsilon_{3t} = m_3 \cdot v_{G_3}^2 =$$
$$= m_3 \cdot \left[d_1^2 + \left(a_2 + \frac{1}{2} \cdot a_3\right)^2 + d_2^2 \cdot \cos^2\varphi_{20} + 2 \cdot d_1 \cdot d_2 \cdot \cos\varphi_{20} \right] \cdot \omega_{10}^2 + \tag{23}$$
$$+ m_3 \cdot d_2^2 \cdot \omega_{20}^2 + 2 \cdot m_3 \cdot d_2 \cdot \left(a_2 + \frac{1}{2} \cdot a_3\right) \cdot \sin\varphi_{20} \cdot \omega_{10} \cdot \omega_{20}$$

Dublul energiilor cinetice datorate rotației elementului pe cele două axe se determină cu relațiile (24 și 25).

$$2 \cdot \varepsilon_{3ry3'} = J_{G_3}^{y_3'} \cdot \omega_{10}^2 = \frac{1}{4} \cdot m_3 \cdot r_3^2 \cdot \omega_{10}^2 \tag{24}$$

$$2 \cdot \varepsilon_{3rz3} = J_{G_3}^{z_3} \cdot \omega_{30}^2 = \frac{1}{2} \cdot m_3 \cdot r_3^2 \cdot \omega_{30}^2 \tag{25}$$

$$2 \cdot \varepsilon_3 = \left[d_1^2 + \left(a_2 + \frac{1}{2} \cdot a_3\right)^2 + d_2^2 \cdot \cos^2\varphi_{20} + 2 \cdot d_1 \cdot d_2 \cdot \cos\varphi_{20} + \frac{1}{4} \cdot r_3^2 \right] \cdot$$
$$\cdot m_3 \cdot \omega_{10}^2 + m_3 \cdot d_2^2 \cdot \omega_{20}^2 + \frac{1}{2} \cdot m_3 \cdot r_3^2 \cdot \omega_{30}^2 + \tag{26}$$
$$+ 2 \cdot m_3 \cdot d_2 \cdot \left(a_2 + \frac{1}{2} \cdot a_3\right) \cdot \sin\varphi_{20} \cdot \omega_{10} \cdot \omega_{20}$$

Pe elementul 3*, în centrul de greutate G$_{3*}$, energia cinetică ia forma (27) și expresia finală (31).

$$2 \cdot \varepsilon_{3*} = m_{3*} \cdot v_{G_3}^2 + J_{G_{3*}}^{z_3^*} \cdot \omega_{30}^2 + J_{G_{3*}}^{y_3^*} \cdot \omega_{10}^2 \qquad (27)$$

Unde dublul energiei cinetice datorate translației are expresia (28).

$$
\begin{aligned}
2 \cdot \varepsilon_{3*_t} = m_{3*} \cdot v_{G_3}^2 = \\
= m_{3*} \cdot [d_1^2 + (a_2 + a_3)^2 + d_2^2 \cdot \cos^2 \varphi_{20} + \frac{1}{4} \cdot d_3^2 \cdot \cos^2 \varphi_{30} + \\
+ 2 \cdot d_1 \cdot d_2 \cdot \cos \varphi_{20} + d_1 \cdot d_3 \cdot \cos \varphi_{30} + d_2 \cdot d_3 \cdot \cos \varphi_{20} \cdot \cos \varphi_{30}] \cdot \omega_{10}^2 + \\
+ m_{3*} \cdot d_2^2 \cdot \omega_{20}^2 + \frac{1}{4} \cdot m_{3*} \cdot d_3^2 \cdot \omega_{30}^2 + m_{3*} \cdot d_2 \cdot d_3 \cdot \omega_{20} \cdot \omega_{30} \cdot \cos(\varphi_{30} - \varphi_{20}) + \\
+ 2 \cdot m_{3*} \cdot d_2 \cdot (a_2 + a_3) \cdot \omega_{10} \cdot \omega_{20} \cdot \sin \varphi_{20} + \\
+ m_{3*} \cdot d_3 \cdot (a_2 + a_3) \cdot \omega_{10} \cdot \omega_{30} \cdot \sin \varphi_{30}
\end{aligned}
\qquad (28)
$$

Dublul energiilor cinetice datorate rotației elementului pe cele două axe se determină cu relațiile (29 și 30).

$$2 \cdot \varepsilon_{3*_{rz3*}} = J_{G_{3*}}^{z_3^*} \cdot \omega_{30}^2 = \frac{J_3}{2} \cdot \omega_{30}^2 = \frac{1}{4} \cdot m_{3*} \cdot r_{3*}^2 \cdot \omega_{30}^2 \qquad (29)$$

$$
\begin{aligned}
2 \cdot \varepsilon_{3*_{ry3*}} = J_{G_{3*}}^{y_3^*} \cdot \omega_{10}^2 = \frac{J_3}{2} \cdot (1 + \sin^2 \varphi_{30}) \cdot \omega_{10}^2 = \\
= \frac{1}{4} \cdot m_{3*} \cdot r_{3*}^2 \cdot (1 + \sin^2 \varphi_{30}) \cdot \omega_{10}^2
\end{aligned}
\qquad (30)
$$

$$
\begin{aligned}
2 \cdot \varepsilon_{3*} = m_{3*} \cdot [d_1^2 + (a_2 + a_3)^2 + d_2^2 \cdot \cos^2 \varphi_{20} + \frac{1}{4} \cdot d_3^2 \cdot \cos^2 \varphi_{30} + \\
+ 2 \cdot d_1 \cdot d_2 \cdot \cos \varphi_{20} + d_1 \cdot d_3 \cdot \cos \varphi_{30} + d_2 \cdot d_3 \cdot \cos \varphi_{20} \cdot \cos \varphi_{30} + \\
+ \frac{1}{4} \cdot r_{3*}^2 \cdot (1 + \sin^2 \varphi_{30})] \cdot \omega_{10}^2 + m_{3*} \cdot d_2^2 \cdot \omega_{20}^2 + \frac{1}{4} \cdot m_{3*} \cdot (d_3^2 + r_{3*}^2) \cdot \omega_{30}^2 + \\
+ m_{3*} \cdot d_2 \cdot d_3 \cdot \cos(\varphi_{30} - \varphi_{20}) \cdot \omega_{20} \cdot \omega_{30} + \\
+ 2 \cdot m_{3*} \cdot d_2 \cdot (a_2 + a_3) \cdot \sin \varphi_{20} \cdot \omega_{10} \cdot \omega_{20} + \\
+ m_{3*} \cdot d_3 \cdot (a_2 + a_3) \cdot \sin \varphi_{30} \cdot \omega_{10} \cdot \omega_{30}
\end{aligned}
\qquad (31)
$$

Cap 09_Elemente de dinamică la MP-3R

(partea a III-a)

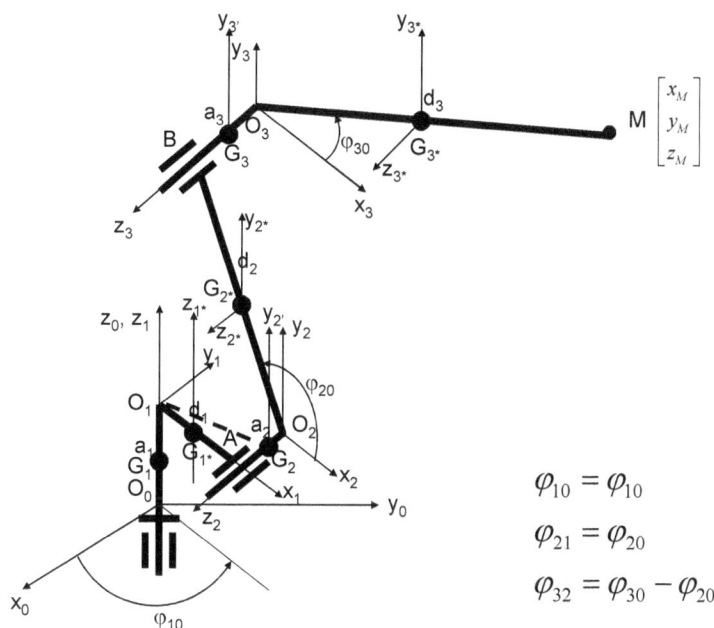

$$\varphi_{10} = \varphi_{10}$$

$$\varphi_{21} = \varphi_{20}$$

$$\varphi_{32} = \varphi_{30} - \varphi_{20}$$

Fig. 1. Geometria, cinematica și dinamica unui MP-3R

Centrele de greutate ale elementelor.

În fig. 1, s-au reprezentat centrele de greutate ale sistemului MP-3R.

În continuare se vor determina momentele motoarelor de acționare (variația momentelor necesare ale celor trei actuatori).

Se scrie pentru început energia cinetică a întregului sistem, cuprinzând cele trei elemente desfăcute fiecare în câte două (32). Relația energiei cinetice a întregului sistem (32) este foarte lungă.

Se utilizează relația (1) Lagrange (curs 07) din care se obțin practic trei expresii, corespunzătoare celor trei actuatori, mai precis corespunzătoare momentelor celor trei actuatori.

$$\varepsilon_c \equiv \varepsilon = \frac{1}{2} \cdot \left\{ \frac{1}{2} \cdot m_1 \cdot r_1^2 \cdot \omega_{10}^2 + \frac{1}{4} \cdot m_{1*} \cdot \omega_{10}^2 \cdot \left(d_1^2 + r_{1*}^2\right) + \right.$$

$$+ m_2 \cdot \left(d_1^2 + \frac{1}{4} \cdot a_2^2 + \frac{1}{4} \cdot r_2^2\right) \cdot \omega_{10}^2 + \frac{1}{2} \cdot m_2 \cdot r_2^2 \cdot \omega_{20}^2 +$$

$$+ m_{2*} \cdot \left[d_1^2 + a_2^2 + \frac{1}{4} \cdot d_2^2 \cdot \cos^2 \varphi_{20} + d_1 \cdot d_2 \cdot \cos \varphi_{20} + \frac{1}{4} \cdot r_{2*}^2 \cdot \left(1 + \sin^2 \varphi_{20}\right)\right] \cdot$$

$$\cdot \omega_{10}^2 + \frac{1}{4} \cdot m_{2*} \cdot \left(d_2^2 + r_{2*}^2\right) \cdot \omega_{20}^2 + m_{2*} \cdot a_2 \cdot d_2 \cdot \sin \varphi_{20} \cdot \omega_{10} \cdot \omega_{20} + m_3 \cdot \omega_{10}^2 \cdot$$

$$\left[d_1^2 + \left(a_2 + \frac{1}{2} \cdot a_3\right)^2 + d_2^2 \cdot \cos^2 \varphi_{20} + 2 \cdot d_1 \cdot d_2 \cdot \cos \varphi_{20} + \frac{1}{4} \cdot r_3^2\right] +$$

$$+ m_3 \cdot d_2^2 \cdot \omega_{20}^2 + \frac{1}{2} \cdot m_3 \cdot r_3^2 \cdot \omega_{30}^2 + 2 \cdot m_3 \cdot d_2 \cdot \left(a_2 + \frac{1}{2} \cdot a_3\right) \cdot \sin \varphi_{20} \cdot \omega_{10} \cdot \omega_{20} +$$

$$+ m_{3*} \cdot \omega_{10}^2 \cdot [d_1^2 + \left(a_2 + a_3\right)^2 + d_2^2 \cdot \cos^2 \varphi_{20} + \frac{1}{4} \cdot d_3^2 \cdot \cos^2 \varphi_{30} + 2 \cdot d_1 \cdot d_2 \cdot \cos \varphi_{20} +$$

$$+ d_1 \cdot d_3 \cdot \cos \varphi_{30} + d_2 \cdot d_3 \cdot \cos \varphi_{20} \cdot \cos \varphi_{30} + \frac{1}{4} \cdot r_{3*}^2 \cdot \left(1 + \sin^2 \varphi_{30}\right)] +$$

$$+ m_{3*} \cdot d_2^2 \cdot \omega_{20}^2 + \frac{1}{4} \cdot m_{3*} \cdot \left(d_3^2 + r_{3*}^2\right) \cdot \omega_{30}^2 + m_{3*} \cdot d_2 \cdot d_3 \cdot \cos(\varphi_{30} - \varphi_{20}) \cdot \omega_{20} \cdot \omega_{30} +$$

$$\left. + 2 \cdot m_{3*} \cdot d_2 \cdot \left(a_2 + a_3\right) \cdot \sin \varphi_{20} \cdot \omega_{10} \cdot \omega_{20} + m_{3*} \cdot d_3 \cdot \left(a_2 + a_3\right) \cdot \sin \varphi_{30} \cdot \omega_{10} \cdot \omega_{30} \right\} \tag{32}$$

Ecuaţiile Lagrange de speţa a II-a utilizate au forma clasică (1) cunoscută:

$$\frac{d}{dt}\left(\frac{\partial \varepsilon}{\partial \dot{q}_k}\right) - \frac{\partial \varepsilon}{\partial q_k} = Q_k \tag{1}$$

cu k=1, 2, 3.

Se utilizează expresia (32) a energiei cinetice a întregului sistem.

Parametrii independenţi (coordonatele generalizate neolonome) se scriu sub forma (33). Q_k reprezintă forţele generalizate (la noi ele sunt chiar momentele motoare ale actuatorilor).

$$\begin{cases} q_1 \equiv \varphi_{10}; \quad q_2 \equiv \varphi_{20}; \quad q_3 \equiv \varphi_{30}; \\ \dot{q}_1 \equiv \dot{\varphi}_{10} = \omega_{10}; \quad \dot{q}_2 \equiv \dot{\varphi}_{20} = \omega_{20}; \quad \dot{q}_3 \equiv \dot{\varphi}_{30} = \omega_{30} \end{cases} \tag{33}$$

Prima derivată (relaţia 34) este derivata parţială a energiei cinetice totale (a întregului sistem) la parametrul independent ω_{10} (adică se derivează parţial energia cinetică a sistemului la viteza unghiulară a primului actuator).

$$\frac{\partial \varepsilon}{\partial \omega_{10}} = \frac{1}{2} \cdot m_1 \cdot r_1^2 \cdot \omega_{10} + \frac{1}{4} \cdot m_{1*} \cdot \left(d_1^2 + r_{1*}^2 \right) \cdot \omega_{10} +$$

$$+ m_2 \cdot \left(d_1^2 + \frac{1}{4} \cdot a_2^2 + \frac{1}{4} \cdot r_2^2 \right) \cdot \omega_{10} + m_{2*} \cdot \left(d_1^2 + a_2^2 + \frac{1}{4} \cdot r_{2*}^2 \right) \cdot \omega_{10} +$$

$$+ m_{2*} \cdot \omega_{10} \cdot \left(\frac{1}{4} \cdot d_2^2 \cdot \cos^2 \varphi_{20} + d_1 \cdot d_2 \cdot \cos \varphi_{20} + \frac{1}{4} \cdot r_{2*}^2 \cdot \sin^2 \varphi_{20} \right) +$$

$$+ \frac{1}{2} \cdot m_{2*} \cdot a_2 \cdot d_2 \cdot \omega_{20} \cdot \sin \varphi_{20} + m_3 \cdot \omega_{10} \cdot \left[d_1^2 + \left(a_2 + \frac{1}{2} \cdot a_3 \right)^2 + \frac{1}{4} \cdot r_3^2 \right] +$$

$$+ m_3 \cdot \omega_{10} \cdot \left(d_2^2 \cdot \cos^2 \varphi_{20} + 2 \cdot d_1 \cdot d_2 \cdot \cos \varphi_{20} \right) +$$

$$+ m_3 \cdot \omega_{20} \cdot d_2 \cdot \left(a_2 + \frac{1}{2} \cdot a_3 \right) \cdot \sin \varphi_{20} + m_{3*} \cdot \omega_{10} \cdot \left[d_1^2 + \left(a_2 + a_3 \right)^2 + \frac{1}{4} \cdot r_{3*}^2 \right] +$$

$$+ m_{3*} \cdot \omega_{10} \cdot \left(d_2^2 \cdot \cos^2 \varphi_{20} + \frac{1}{4} \cdot d_3^2 \cdot \cos^2 \varphi_{30} + 2 \cdot d_1 \cdot d_2 \cdot \cos \varphi_{20} + \right.$$

$$\left. + d_1 \cdot d_3 \cdot \cos \varphi_{30} + d_2 \cdot d_3 \cdot \cos \varphi_{20} \cdot \cos \varphi_{30} + \frac{1}{4} \cdot r_{3*}^2 \cdot \sin^2 \varphi_{30} \right) +$$

$$+ m_{3*} \cdot \omega_{20} \cdot d_2 \cdot \left(a_2 + a_3 \right) \cdot \sin \varphi_{20} + \frac{1}{2} \cdot m_{3*} \cdot \omega_{30} \cdot d_3 \cdot \left(a_2 + a_3 \right) \cdot \sin \varphi_{30} \qquad (34)$$

Expresia (34) obţinută se derivează absolut cu timpul şi se obţine relaţia (35). S-au considerat vitezele unghiulare constante în timp.

$$\frac{d}{dt}\left(\frac{\partial \varepsilon}{\partial \omega_{10}} \right) = m_{2*} \cdot \omega_{10} \cdot \left(-\frac{1}{2} \cdot d_2^2 \cdot \cos \varphi_{20} \cdot \sin \varphi_{20} \cdot \omega_{20} - d_1 \cdot d_2 \cdot \sin \varphi_{20} \cdot \omega_{20} + \right.$$

$$\left. + \frac{1}{2} \cdot r_{2*}^2 \cdot \sin \varphi_{20} \cdot \cos \varphi_{20} \cdot \omega_{20} \right) + \frac{1}{2} \cdot m_{2*} \cdot a_2 \cdot d_2 \cdot \omega_{20} \cdot \cos \varphi_{20} \cdot \omega_{20} +$$

$$+ m_3 \cdot \omega_{10} \cdot \left(-2 \cdot d_2^2 \cdot \cos \varphi_{20} \cdot \sin \varphi_{20} \cdot \omega_{20} - 2 \cdot d_1 \cdot d_2 \cdot \sin \varphi_{20} \cdot \omega_{20} \right) +$$

$$+ m_3 \cdot \omega_{20} \cdot d_2 \cdot \left(a_2 + \frac{1}{2} \cdot a_3 \right) \cdot \cos \varphi_{20} \cdot \omega_{20} + m_{3*} \cdot \omega_{10} \cdot \qquad (35)$$

$$\cdot \left(-2 \cdot d_2^2 \cdot \cos \varphi_{20} \cdot \sin \varphi_{20} \cdot \omega_{20} - \frac{1}{2} \cdot d_3^2 \cdot \cos \varphi_{30} \cdot \sin \varphi_{30} \cdot \omega_{30} - \right.$$

$$- 2 \cdot d_1 \cdot d_2 \cdot \sin \varphi_{20} \cdot \omega_{20} - d_1 \cdot d_3 \cdot \sin \varphi_{30} \cdot \omega_{30} - d_2 \cdot d_3 \cdot \sin \varphi_{20} \cdot \omega_{20} \cdot \cos \varphi_{30} -$$

$$\left. - d_2 \cdot d_3 \cdot \cos \varphi_{20} \cdot \sin \varphi_{30} \cdot \omega_{30} + \frac{1}{2} \cdot r_{3*}^2 \cdot \sin \varphi_{30} \cdot \cos \varphi_{30} \cdot \omega_{30} \right) +$$

$$+ m_{3*} \cdot \omega_{20} \cdot d_2 \cdot \left(a_2 + a_3 \right) \cdot \cos \varphi_{20} \cdot \omega_{20} + \frac{1}{2} \cdot m_{3*} \cdot \omega_{30} \cdot d_3 \cdot \left(a_2 + a_3 \right) \cdot \cos \varphi_{30} \cdot \omega_{30}$$

Urmează derivata parțială a energiei cinetice a întregului sistem cu parametrul independent φ_{10} (36).

$$\frac{\partial \varepsilon}{\partial \varphi_{10}} = 0 \qquad (36)$$

Prima ecuație Lagrange (din cele trei) se poate scrie acum sub forma (37).

$$\frac{d}{dt}\left(\frac{\partial \varepsilon}{\partial \omega_{10}}\right) - \frac{\partial \varepsilon}{\partial \varphi_{10}} = M_{10} \qquad (37)$$

Înlocuind expresiile derivate mai sus în ecuația (37) aceasta capătă forma (38). Expresia (38) reprezintă variația necesară a momentului motor al primului actuator.

$$\begin{aligned}
M_{10} = \frac{d}{dt}\left(\frac{\partial \varepsilon}{\partial \omega_{10}}\right) &= m_{2*} \cdot \omega_{10} \cdot \left(-\frac{1}{2} \cdot d_2^2 \cdot \cos\varphi_{20} \cdot \sin\varphi_{20} \cdot \omega_{20} - d_1 \cdot d_2 \cdot \sin\varphi_{20} \cdot \omega_{20} + \right. \\
&\left. + \frac{1}{2} \cdot r_{2*}^2 \cdot \sin\varphi_{20} \cdot \cos\varphi_{20} \cdot \omega_{20}\right) + \frac{1}{2} \cdot m_{2*} \cdot a_2 \cdot d_2 \cdot \omega_{20} \cdot \cos\varphi_{20} \cdot \omega_{20} + \\
&+ m_3 \cdot \omega_{10} \cdot \left(-2 \cdot d_2^2 \cdot \cos\varphi_{20} \cdot \sin\varphi_{20} \cdot \omega_{20} - 2 \cdot d_1 \cdot d_2 \cdot \sin\varphi_{20} \cdot \omega_{20}\right) + \\
&+ m_3 \cdot \omega_{20} \cdot d_2 \cdot \left(a_2 + \frac{1}{2} \cdot a_3\right) \cdot \cos\varphi_{20} \cdot \omega_{20} + m_{3*} \cdot \omega_{10} \cdot \\
&\cdot \left(-2 \cdot d_2^2 \cdot \cos\varphi_{20} \cdot \sin\varphi_{20} \cdot \omega_{20} - \frac{1}{2} \cdot d_3^2 \cdot \cos\varphi_{30} \cdot \sin\varphi_{30} \cdot \omega_{30} - \right. \\
&- 2 \cdot d_1 \cdot d_2 \cdot \sin\varphi_{20} \cdot \omega_{20} - d_1 \cdot d_3 \cdot \sin\varphi_{30} \cdot \omega_{30} - d_2 \cdot d_3 \cdot \sin\varphi_{20} \cdot \omega_{20} \cdot \cos\varphi_{30} - \\
&\left. - d_2 \cdot d_3 \cdot \cos\varphi_{20} \cdot \sin\varphi_{30} \cdot \omega_{30} + \frac{1}{2} \cdot r_{3*}^2 \cdot \sin\varphi_{30} \cdot \cos\varphi_{30} \cdot \omega_{30}\right) + \\
&+ m_{3*} \cdot \omega_{20} \cdot d_2 \cdot \left(a_2 + a_3\right) \cdot \cos\varphi_{20} \cdot \omega_{20} + \frac{1}{2} \cdot m_{3*} \cdot \omega_{30} \cdot d_3 \cdot \left(a_2 + a_3\right) \cdot \cos\varphi_{30} \cdot \omega_{30}
\end{aligned} \qquad (38)$$

În continuare repetăm procedura anterioară pentru elementul al doilea, derivând parțial energia cinetică totală a sistemului în raport cu coordonata generalizată ω_{20} (care reprezintă viteza unghiulară a celui de al doilea actuator). Se obține astfel relația (39).

$$\frac{\partial \varepsilon}{\partial \omega_{20}} = \frac{1}{2} \cdot m_2 \cdot r_2^2 \cdot \omega_{20} + \frac{1}{4} \cdot m_{2*} \cdot \left(d_2^2 + r_{2*}^2\right) \cdot \omega_{20} +$$

$$+ \frac{1}{2} m_{2*} \cdot a_2 \cdot d_2 \cdot \sin \varphi_{20} \cdot \omega_{10} + m_3 \cdot d_2^2 \cdot \omega_{20} +$$

$$+ m_3 \cdot d_2 \cdot \left(a_2 + \frac{1}{2} \cdot a_3\right) \cdot \sin \varphi_{20} \cdot \omega_{10} + m_{3*} \cdot d_2^2 \cdot \omega_{20} +$$

$$+ \frac{1}{2} \cdot m_{3*} \cdot d_2 \cdot d_3 \cdot \cos(\varphi_{30} - \varphi_{20}) \cdot \omega_{30} +$$

$$+ m_{3*} \cdot d_2 \cdot \left(a_2 + a_3\right) \cdot \sin \varphi_{20} \cdot \omega_{10}$$

(39)

Relația rezultată (39) se derivează a doua oară, de data asta absolut, în funcție de timp și se obține expresia (40). Se consideră pe parcursul acestei derivări absolute că vitezele unghiulare ale actuatorilor nu variază în raport cu timpul (sunt aproximativ constante).

$$\frac{d}{dt}\left(\frac{\partial \varepsilon}{\partial \omega_{20}}\right) = \frac{1}{2} \cdot m_{2*} \cdot a_2 \cdot d_2 \cdot \cos \varphi_{20} \cdot \omega_{20} \cdot \omega_{10} +$$

$$+ m_3 \cdot d_2 \cdot \left(a_2 + \frac{1}{2} \cdot a_3\right) \cdot \cos \varphi_{20} \cdot \omega_{20} \cdot \omega_{10} -$$

$$- \frac{1}{2} \cdot m_{3*} \cdot d_2 \cdot d_3 \cdot \sin(\varphi_{30} - \varphi_{20}) \cdot \left(\omega_{30} - \omega_{20}\right) \cdot \omega_{30} +$$

$$+ m_{3*} \cdot d_2 \cdot \left(a_2 + a_3\right) \cdot \cos \varphi_{20} \cdot \omega_{20} \cdot \omega_{10}$$

(40)

Urmează derivata parțială a energiei cinetice a sistemului în funcție de deplasarea unghiulară a celui de al doilea actuator (41).

$$\frac{\partial \varepsilon}{\partial \varphi_{20}} = -\frac{1}{4} \cdot m_{2*} \cdot d_2^2 \cdot \cos \varphi_{20} \cdot \sin \varphi_{20} \cdot \omega_{10}^2 - \frac{1}{2} \cdot m_{2*} \cdot d_1 \cdot d_2 \cdot \sin \varphi_{20} \cdot \omega_{10}^2 +$$

$$+\frac{1}{4} \cdot m_{2*} \cdot r_{2*}^2 \cdot \sin \varphi_{20} \cdot \cos \varphi_{20} \cdot \omega_{10}^2 + \frac{1}{2} \cdot m_{2*} \cdot a_2 \cdot d_2 \cdot \cos \varphi_{20} \cdot \omega_{10} \cdot \omega_{20} -$$

$$-m_3 \cdot d_2^2 \cdot \cos \varphi_{20} \cdot \sin \varphi_{20} \cdot \omega_{10}^2 - m_3 \cdot d_1 \cdot d_2 \cdot \sin \varphi_{20} \cdot \omega_{10}^2 + \qquad (41)$$

$$+m_3 \cdot d_2 \cdot \left(a_2 + \frac{1}{2} \cdot a_3\right) \cdot \cos \varphi_{20} \cdot \omega_{20} \cdot \omega_{10} - m_{3*} \cdot d_2^2 \cdot \cos \varphi_{20} \cdot \sin \varphi_{20} \cdot \omega_{10}^2 -$$

$$-m_{3*} \cdot d_1 \cdot d_2 \cdot \sin \varphi_{20} \cdot \omega_{10}^2 - \frac{1}{2} \cdot m_{3*} \cdot d_2 \cdot d_3 \cdot \sin \varphi_{20} \cdot \cos \varphi_{30} \cdot \omega_{10}^2 +$$

$$+\frac{1}{2} \cdot m_{3*} \cdot d_2 \cdot d_3 \cdot \sin(\varphi_{30} - \varphi_{20}) \cdot \omega_{20} \cdot \omega_{30} + m_{3*} \cdot d_2 \cdot (a_2 + a_3) \cdot \cos \varphi_{20} \cdot \omega_{10} \cdot \omega_{20}$$

Utilizând relaţiile (40) şi (41) introduse în ecuaţia Lagrange (42) se obţine expresia (43) a variaţiei momentului motor al celui de al doilea actuator.

$$\frac{d}{dt}\left(\frac{\partial \varepsilon}{\partial \omega_{20}}\right) - \frac{\partial \varepsilon}{\partial \varphi_{20}} = M_{20} \qquad (42)$$

$$M_{20} = -\frac{1}{2} \cdot m_{3*} \cdot d_2 \cdot d_3 \cdot \sin(\varphi_{30} - \varphi_{20}) \cdot \omega_{30}^2 +$$

$$+\left(m_3 + m_{3*} + \frac{1}{4} \cdot m_{2*}\right) \cdot d_2^2 \cdot \cos \varphi_{20} \cdot \sin \varphi_{20} \cdot \omega_{10}^2 -$$

$$-\frac{1}{4} \cdot m_{2*} \cdot r_{2*}^2 \cdot \cos \varphi_{20} \cdot \sin \varphi_{20} \cdot \omega_{10}^2 + \qquad (43)$$

$$+\left(m_3 + m_{3*} + \frac{1}{2} \cdot m_{2*}\right) \cdot d_1 \cdot d_2 \cdot \sin \varphi_{20} \cdot \omega_{10}^2 +$$

$$+\frac{1}{2} \cdot m_{3*} \cdot d_2 \cdot d_3 \cdot \sin \varphi_{20} \cdot \cos \varphi_{30} \cdot \omega_{10}^2$$

Se derivează acum parţial energia cinetică totală a sistemului şi pentru elementul al treilea, derivând parţial energia cinetică totală a sistemului în raport cu coordonata generalizată ω_{30} (care reprezintă viteza unghiulară a celui de al treilea actuator). Se obţine astfel relaţia (44).

$$\frac{\partial \varepsilon}{\partial \omega_{30}} = \frac{1}{4} \cdot m_{3*} \cdot \omega_{30} \cdot \left(d_3^2 + r_{3*}^2\right) +$$

$$+ \frac{1}{2} \cdot m_{3*} \cdot d_2 \cdot d_3 \cdot \omega_{20} \cdot \cos(\varphi_{30} - \varphi_{20}) + \qquad (44)$$

$$+ \frac{1}{2} \cdot m_{3*} \cdot d_3 \cdot \left(a_2 + a_3\right) \cdot \sin \varphi_{30} \cdot \omega_{10}$$

Se derivează absolut în funcţie de timp expresia (44) obţinută, considerând vitezele unghiulare ale actuatorilor aproximativ constante în timp, şi se obţine relaţia (45).

$$\frac{d}{dt}\left(\frac{\partial \varepsilon}{\partial \omega_{30}}\right) = -\frac{1}{2} \cdot m_{3*} \cdot d_2 \cdot d_3 \cdot \sin(\varphi_{30} - \varphi_{20}) \cdot \left(\omega_{30} - \omega_{20}\right) \cdot \omega_{20} +$$

$$+ \frac{1}{2} \cdot m_{3*} \cdot d_3 \cdot \left(a_2 + a_3\right) \cdot \cos \varphi_{30} \cdot \omega_{30} \cdot \omega_{10} \qquad (45)$$

Se derivează parţial energia cinetică a întregului sistem în funcţie de deplasarea unghiulară a celui de al treilea actuator şi rezultă expresia (46).

$$\frac{\partial \varepsilon}{\partial \varphi_{30}} = -\frac{1}{4} \cdot m_{3*} \cdot d_3^2 \cdot \cos \varphi_{30} \cdot \sin \varphi_{30} \cdot \omega_{10}^2 -$$

$$- \frac{1}{2} \cdot d_1 \cdot d_3 \cdot m_{3*} \cdot \sin \varphi_{30} \cdot \omega_{10}^2 - \frac{1}{2} \cdot m_{3*} \cdot d_2 \cdot d_3 \cdot \cos \varphi_{20} \cdot \sin \varphi_{30} \cdot \omega_{10}^2 + \quad (46)$$

$$+ \frac{1}{4} \cdot m_{3*} \cdot r_{3*}^2 \cdot \sin \varphi_{30} \cdot \cos \varphi_{30} \cdot \omega_{10}^2 - \frac{1}{2} \cdot m_{3*} \cdot d_2 \cdot d_3 \cdot \sin(\varphi_{30} - \varphi_{20}) \cdot$$

$$\cdot \omega_{20} \cdot \omega_{30} + \frac{1}{2} \cdot m_{3*} \cdot d_3 \cdot \left(a_2 + a_3\right) \cdot \cos \varphi_{30} \cdot \omega_{10} \cdot \omega_{30}$$

Utilizând relaţiile (45) şi (46) prin introducerea lor în ecuaţia Lagrange (47) se obţine expresia (48) a variaţiei momentului motor al celui de al treilea actuator.

$$\frac{d}{dt}\left(\frac{\partial \varepsilon}{\partial \omega_{30}}\right) - \frac{\partial \varepsilon}{\partial \varphi_{30}} = M_{30} \qquad (47)$$

$$M_{30} = \frac{1}{2} \cdot m_{3*} \cdot d_2 \cdot d_3 \cdot \sin(\varphi_{30} - \varphi_{20}) \cdot \omega_{20}^2 +$$

$$+ \frac{1}{2} \cdot m_{3*} \cdot d_2 \cdot d_3 \cdot \cos\varphi_{20} \cdot \sin\varphi_{30} \cdot \omega_{10}^2 +$$

$$+ \frac{1}{4} \cdot m_{3*} \cdot d_3^2 \cdot \cos\varphi_{30} \cdot \sin\varphi_{30} \cdot \omega_{10}^2 -$$

$$\qquad (48)$$

$$- \frac{1}{4} \cdot m_{3*} \cdot r_{3*}^2 \cdot \cos\varphi_{30} \cdot \sin\varphi_{30} \cdot \omega_{10}^2 +$$

$$+ \frac{1}{2} \cdot m_{3*} \cdot d_1 \cdot d_3 \cdot \sin\varphi_{30} \cdot \omega_{10}^2$$

Utilizând expresiile (38), (43), și (48), se pot determina variațiile momentelor motoare, momentelor actuatorilor, pentru întreaga plajă de utilizare. Se utilizează deplasările și vitezele unghiulare determinate la primele cursuri, valori care se dau sub forma unor funcții (în cinematica directă), se obțin din relațiile studiate (în cinematica indirectă), sau se determină din condițiile impuse endefectorului pentru a parcurge anumite traiectorii optimizate (prestabilite), (a se revedea cursul 5). **Se poate face o sinteză dinamică pentru alegerea optimă a celor trei actuatori.**

Interesant este faptul că momentele motoarelor depind de masele, formele și dimensiunile elementelor, dar și de parametrii cinematici ai actuatorilor, $\omega_{10}, \ \varphi_{20}, \ \omega_{20}, \ \varphi_{30}, \ \omega_{30}$, mai puțin φ_{10}.

Deci motoarele nu sunt influențate dinamic de poziția primului element, sau mai clar spus de unghiul de rotație al primului element (vezi figura 1), mișcarea reală, dinamică fiind influențată doar de pozițiile elementelor doi și trei, cât și de vitezele unghiulare ale celor trei actuatori (motoare de acționare).

Cap 10_Sistemele mecanice mobile paralele.
Geometria şi cinematica inversă la platforma Stewart.
Determinarea poziţiilor şi deplasărilor.

Sistemele mecanice mobile paralele sunt cele mai tinere sisteme robotizate. În 1954 în Anglia, a fost construit de V.E. Eric, primul sistem mecanic paralel, format din două straturi (platforme), având şase cuple pe un strat. Sistemul a fost studiat şi prezentat oficial prin publicarea lui într-o lucrare ştiinţifică abia în 1965 de către D. Stewart, cercetător al Institutul de Mecanică Inginerească din UK (vezi figura 1, poza din stânga sus).

Lucrarea a reuşit să introducă (asocieze) definitiv numele de ,,platforma Stewart", oricărei platforme duble având şase picioare legate prin 12 cuple sferice, câte şase cuple pe fiecare strat, (pentru uşurarea prelucrării cuplelor şi pentru o cinematică mai rigidă adoptându-se ulterior şase cuple cardanice şi doar şase articulaţii sferice, iar la final chiar toate cele 12 cuple devenind universale, vezi fig. 1).

Platforma inferioară, de bază, este mereu fixă. Dispozitivul ce se montează pe platforma superioară, mobilă, dispune împreună cu aceasta de şase grade de libertate, conferite de cele şase picioare mobile (motoare) care se pot lungi sau scurta conform unui program implementat. Deşi are un spaţiu relativ limitat de lucru, platforma superioară, mobilă, poate să se rotească oricum, să urce şi coboare peste tot, sau doar în unele părţi, având astfel posibilităţi mari de poziţionare şi o mobilitate generală superioară.

Avantajele ei principale faţă de sistemele mecanice seriale sunt: rigiditatea sporită, precizia foarte mare de poziţionare, viteza de lucru foarte ridicată cu menţinerea preciziei de poziţionare, o echilibrare naturală prin cele şase picioare mobile (la care se mai pot adăuga însă şi alte echilibrări suplimentare, cea mai simplă fiind cea cu arcuri ce îmbracă fiecare picior). Sistemul paralel este mai simplu din punct de vedere constructiv-tehnologic în comparaţie cu cel serial. Forţele pe care le poate utiliza un sistem paralel sunt mult superioare celor realizate de sistemele seriale. Mişcările pot fi extrem de rapide şi variate. Pentru o rigidizare şi mai mare a sistemului se utilizează 12 picioare în loc de şase. Există încercări şi cu 24 (personal cred că nu este cazul să exagerăm). Pe de altă parte platformele cu 3 picioare nu au dat rezultatele scontate (pierd avantajul rigidităţii suplimentare). Astăzi există foarte multe variante geometro constructive, dar în general ele aduc fie complicaţii inutile, fie scad rigiditatea sistemului, viteza sa de deplasare, ori precizia de poziţionare, ori reduc manevrabilitatea sistemului. Din aceste motive (cum tot sistemul iniţial pare să fie mai performant) vom studia în continuare geometria şi cinematica sa, pe un model teoretic simplu, prezentat în figura 1, model care aproximează foarte bine mecanismul iniţial (Stewart).

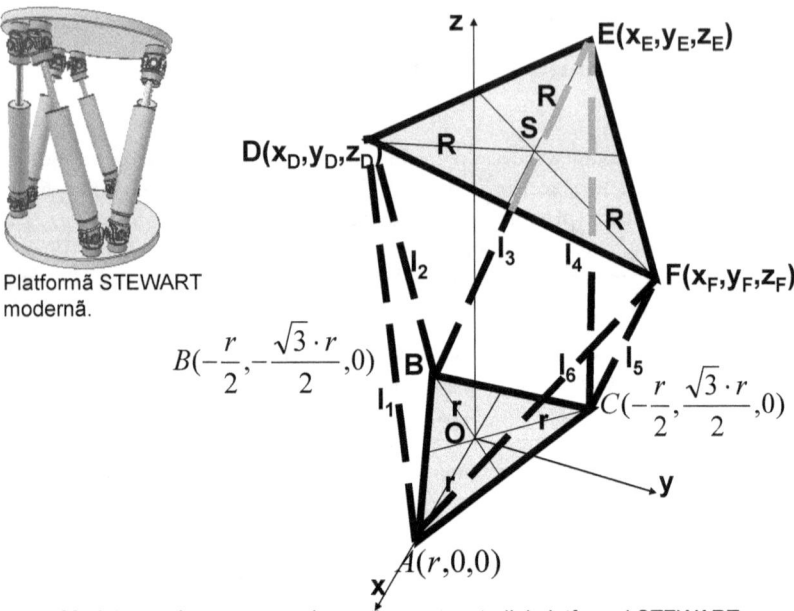

Model teoretic, geometro-cinematic, pentru studiul platformei STEWART.

Fig. 1. Geometria și cinematica unei platforme Stewart

Se utilizează pentru simplificarea calculelor câte un triunghi echilateral înscris în cercul platformelor inferioară și superioară. Pentru bază se ia triunghiul ABC (fix), având sistemul de axe fix, rectangular xOyz, iar pentru platforma mobilă (superioară) se adoptă triunghiul echilateral mobil DEF (lipt pe platforma mobilă). Centrul triunghiului fix este O, iar al celui mobil este S.

Cinematica inversă este mult mai ușor de determinat, dar ea va fi studiată în continuare din motive raționale, fiind mai logic să se impună anumite poziții succesive ale platformei mobile (pe care aceasta trebuie să le ocupe pe rând) și pe baza lor să determinăm lungimea celor șase brațe sau picioare corespunzătoare pentru fiecare poziție impusă în parte.

In figura doi se determină parametrii de poziție (coordonatele carteziene spațiale) pentru punctele fixe A, B, C. Pentru punctul A obținem x=r, iar y=z=0.

Pentru punctul B se utilizează relațiile (1), iar pentru determinarea coordonatelor punctului C se consideră sistemul (2).

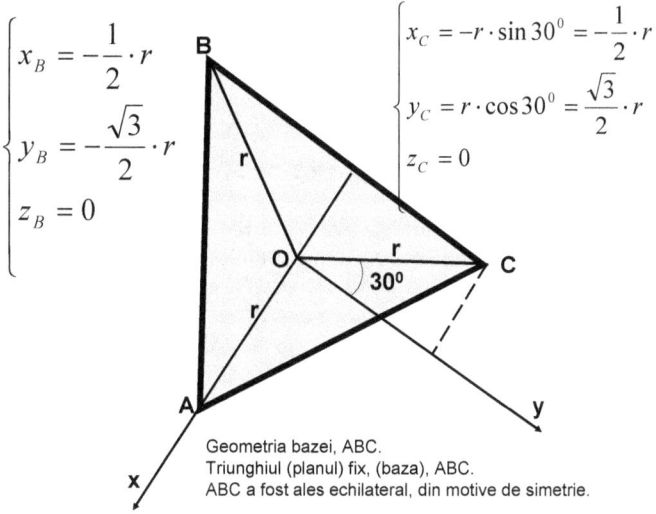

Geometria bazei, ABC.
Triunghiul (planul) fix, (baza), ABC.
ABC a fost ales echilateral, din motive de simetrie.

Fig. 2. Geometria bazei (planului fix) ABC

Se utilizează relațiile de calcul (1) și (2).

$$\begin{cases} x_B = -\dfrac{1}{2} \cdot r \\[2mm] y_B = -\dfrac{\sqrt{3}}{2} \cdot r \\[2mm] z_B = 0 \end{cases} \tag{1}$$

$$\begin{cases} x_C = -r \cdot \sin 30^0 = -\dfrac{1}{2} \cdot r \\[2mm] y_C = r \cdot \cos 30^0 = \dfrac{\sqrt{3}}{2} \cdot r \\[2mm] z_C = 0 \end{cases} \tag{2}$$

Pentru platforma mobilă DEF (vezi figura 3) se pot scrie ecuațiile (3). Practic am scris distanțele dintre vârfurile triunghiului DEF (luate două câte două) în coordonate carteziene spațiale; (permanent se vor utiliza cunoștințele elementare de geometrie analitică).

$$\begin{cases} (x_D - x_F)^2 + (y_D - y_F)^2 + (z_D - z_F)^2 = 3 \cdot R^2 \\ (x_D - x_E)^2 + (y_D - y_E)^2 + (z_D - z_E)^2 = 3 \cdot R^2 \\ (x_E - x_F)^2 + (y_E - y_F)^2 + (z_E - z_F)^2 = 3 \cdot R^2 \end{cases} \quad (3)$$

Se repetă procedeul de data aceasta scriind însă distanţele dintre centrul triunghiului mobil, S, şi fiecare vârf al triunghiului DEF. Se obţine sistemul de ecuaţii (4).

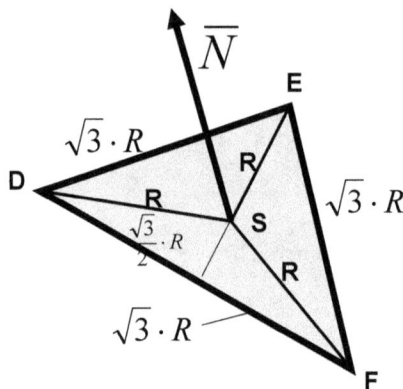

Geometria triunghiului mobil, DEF.
Triunghiul (planul) mobil, DEF. Vectorul N, perpendicular pe planul mobil DEF, poziţionat în S, unde S este centrul de simetrie al triunghiului DEF.
Pentru simplificarea calculelor s-a considerat triunghiul DEF echilateral.
(În particular R poate coincide cu r).

Fig. 3. Geometria planului mobil DEF

$$\begin{cases} (x_D - x_S)^2 + (y_D - y_S)^2 + (z_D - z_S)^2 = R^2 \\ (x_E - x_S)^2 + (y_E - y_S)^2 + (z_E - z_S)^2 = R^2 \\ (x_F - x_S)^2 + (y_F - y_S)^2 + (z_F - z_S)^2 = R^2 \end{cases} \quad (4)$$

Se scrie acum ecuaţia planului DEF sub forma generală (5), unde D este un punct oarecare al planului, S este un punct special (central) din plan, iar vectorul N este vectorul perpendicular pe plan, considerat în punctul special ales S. Parametrii geometrici (scalari) de poziţie (α, β, γ) ai vectorului N sunt cunoscuţi. Ecuaţia generală a unui plan spune că orice dreaptă din plan înmulţită scalar cu vectorul N perpendicular pe plan generează produsul 0.

$$\overline{DS} \cdot \overline{N} = 0 \tag{5}$$

Punctului D i se vor atribui succesiv valorile D, E, F, iar ecuația planului (5) scrisă scalar, va căpăta formele (6).

$$\begin{cases} (x_D - x_S) \cdot \alpha + (y_D - y_S) \cdot \beta + (z_D - z_S) \cdot \gamma = 0 \\ (x_E - x_S) \cdot \alpha + (y_E - y_S) \cdot \beta + (z_E - z_S) \cdot \gamma = 0 \\ (x_F - x_S) \cdot \alpha + (y_F - y_S) \cdot \beta + (z_F - z_S) \cdot \gamma = 0 \end{cases} \tag{6}$$

Parametrii scalari x_S, y_S, z_S, α, β, γ, sunt cunoscuți. Cu ajutorul sistemelor (6) și (4) se pot determina imediat parametrii scalari ai unui punct de pe cercul mobil, alegând pentru determinarea inițială punctul D, spre exemplu. Trebuie ca acest punct să fie cunoscut (poziționat) cel puțin printr-o coordonată de a sa. Presupunem cunoscută coordonata z_D spre exemplu (se cunoaște înclinația planului mobil prin α, β, γ, se știe unde trebuie să se afle punctul central S, cunoscându-se x_S, y_S, z_S, dar trebuie cunoscută și înălțimea z_D, a unui punct de pe cercul mobil). Se determină apoi celelalte două coordonate scalare x_D și y_D. Utilizând sistemul (7) format din prima relație a sistemului (6) și prima ecuație a sistemului (4).

$$\begin{cases} (x_D - x_S) \cdot \alpha + (y_D - y_S) \cdot \beta = (z_S - z_D) \cdot \gamma \\ (x_D - x_S)^2 + (y_D - y_S)^2 = R^2 - (z_D - z_S)^2 \end{cases} \tag{7}$$

Pentru rezolvare se introduc notațiile (8). Din (7) cu notațiile (8) se obține sistemul (9), care se rezolvă succesiv prin relațiile (10) ce conduc la o ecuație de gradul 2 cu necunoscuta y, a cărei soluție este dată de prima și a doua relație a sistemului (11), în timp ce cea de-a treia relație a sistemului (11) îl calculează pe x.

$$\begin{cases} x = x_D - x_S \\ y = y_D - y_S \\ \theta = (z_S - z_D) \cdot \gamma \\ L^2 = R^2 - (z_D - z_S)^2 \end{cases} \tag{8}$$

$$\begin{cases} \alpha \cdot x + \beta \cdot y = \theta \\ x^2 + y^2 = L^2 \end{cases} \tag{9}$$

$$\begin{cases} x = \dfrac{\theta - \beta \cdot y}{\alpha} \quad x^2 = \dfrac{\theta^2 + \beta^2 \cdot y^2 - 2 \cdot \theta \cdot \beta \cdot y}{\alpha^2} \\ \theta^2 + \beta^2 \cdot y^2 - 2 \cdot \theta \cdot \beta \cdot y \mid \alpha^2 \cdot y^2 = \alpha^2 \cdot L^2 \\ (\alpha^2 + \beta^2) \cdot y^2 - 2 \cdot \theta \cdot \beta \cdot y - (\alpha^2 \cdot L^2 - \theta^2) = 0 \end{cases} \tag{10}$$

$$\begin{cases} y_{1,2} = \dfrac{\theta \cdot \beta \pm \sqrt{\theta^2 \cdot \beta^2 + (\alpha^2 + \beta^2) \cdot (\alpha^2 \cdot L^2 - \theta^2)}}{\alpha^2 + \beta^2} \\[4mm] y_{1,2} = \dfrac{\theta \cdot \beta \pm \alpha \cdot \sqrt{(\alpha^2 + \beta^2) \cdot L^2 - \theta^2}}{\alpha^2 + \beta^2} \\[4mm] x_{1,2} = \dfrac{\theta - \beta \cdot y}{\alpha} = \dfrac{\theta}{\alpha} - \dfrac{\beta}{\alpha} \cdot y_{1,2} \end{cases} \tag{11}$$

Pentru poziționarea corespunzătoare a punctului D se alege inițial soluția negativă (dacă aceasta nu va corespunde se va realege soluția pozitivă). Se obțin astfel parametrii scalari ai punctului D (relația 12).

$$\begin{cases} y = \dfrac{\theta \cdot \beta - \alpha \cdot \sqrt{(\alpha^2 + \beta^2) \cdot L^2 - \theta^2}}{\alpha^2 + \beta^2} \qquad y_D = y + y_S \\[4mm] x = \dfrac{\theta - \beta \cdot y}{\alpha} = \dfrac{\theta}{\alpha} - \dfrac{\beta}{\alpha} \cdot y \qquad\qquad x_D = x + x_S \\[4mm] \Rightarrow D(x_D, y_D, z_D) \end{cases} \tag{12}$$

Din (6, 4, 3) se aleg în continuare ecuațiile cu care se scrie sistemul (13), astfel încât să avem ca necunoscute numai coordonatele scalare ale punctului E, adică x_E, y_E, z_E. Sistemul astfel obținut este unul neliniar.

$$\begin{cases} (x_E - x_S) \cdot \alpha + (y_E - y_S) \cdot \beta + (z_E - z_S) \cdot \gamma = 0 \\ (x_E - x_S)^2 + (y_E - y_S)^2 + (z_E - z_S)^2 = R^2 \\ (x_E - x_D)^2 + (y_E - y_D)^2 + (z_E - z_D)^2 = 3 \cdot R^2 \end{cases} \tag{13}$$

Pentru rezolvare, sistemul (13) trebuie liniarizat. Se ridică la pătrat ultimele două relații ale sistemului și se scade a doua din a treia. Se obține relația a treia din sistemul (14), care se aranjează la o formă mai convenabilă prinsă în sistemul (15) împreună și cu prima relație a sistemului (13) ordonată și ea corespunzător.

$$\begin{cases} x_E^2 + x_S^2 - 2 \cdot x_S \cdot x_E + y_E^2 + y_S^2 - 2 \cdot y_S \cdot y_E + z_E^2 + z_S^2 - 2 \cdot z_S \cdot z_E = R^2 \\ x_E^2 + x_D^2 - 2 \cdot x_D \cdot x_E + y_E^2 + y_D^2 - 2 \cdot y_D \cdot y_E + z_E^2 + z_D^2 - 2 \cdot z_D \cdot z_E = 3 \cdot R^2 \\ \text{-----------------------------------} \\ x_D^2 - x_S^2 + 2 \cdot (x_S - x_D) \cdot x_E + y_D^2 - y_S^2 + 2 \cdot (y_S - y_D) \cdot y_E + z_D^2 - z_S^2 + \\ + 2 \cdot (z_S - z_D) \cdot z_E = 2 \cdot R^2 \end{cases} \tag{14}$$

$$\begin{cases} 2 \cdot (x_S - x_D) \cdot x_E + 2 \cdot (y_S - y_D) \cdot y_E + 2 \cdot (z_S - z_D) \cdot z_E = \\ = 2 \cdot R^2 + x_S^2 + y_S^2 + z_S^2 - x_D^2 - y_D^2 - z_D^2 \\ \alpha \cdot x_E + \beta \cdot y_E + \gamma \cdot z_E = \alpha \cdot x_S + \beta \cdot y_S + \gamma \cdot z_S \end{cases} \quad (15)$$

Din a doua relație a sistemului (15) se explicitează z_E, (vezi relația (16), care se introduce apoi în prima relație a sistemului (15) eliminându-se astfel parametrul z_E, și obținându-se relația (17) liniară, cu y_E în funcție de x_E, unde coeficienții k_1, k_2, se determină cu relațiile sistemului (18).

$$z_E = \frac{\alpha}{\gamma} \cdot x_S + \frac{\beta}{\gamma} \cdot y_S + z_S - \frac{\alpha}{\gamma} \cdot x_E - \frac{\beta}{\gamma} \cdot y_E \quad (16)$$

$$y_E = k_1 + k_2 \cdot x_E \quad (17)$$

$$\begin{cases} k_1 = \left[2 \cdot R^2 + x_S^2 + y_S^2 + z_S^2 - x_D^2 - y_D^2 - z_D^2 - 2 \cdot (z_S - z_D) \cdot \frac{\alpha}{\gamma} \cdot x_S - \right. \\ \left. - 2 \cdot (z_S - z_D) \cdot \frac{\beta}{\gamma} \cdot y_S - 2 \cdot (z_S - z_D) \cdot z_S \right] : \left[2 \cdot (y_S - y_D) - 2 \cdot (z_S - z_D) \cdot \frac{\beta}{\gamma} \right] \\ k_2 = \dfrac{(x_D - x_S) + (z_S - z_D) \cdot \dfrac{\alpha}{\gamma}}{(y_S - y_D) - (z_S - z_D) \cdot \dfrac{\beta}{\gamma}} \end{cases} \quad (18)$$

Se înlocuiește acum y_E dat de relația (17) în expresia (16) și se obține în acest fel o a doua relație liniară, între parametrii z_E și x_E, (ecuația 19), ai cărei coeficienți k_3, k_4, sunt dați de sistemul (20).

$$z_E = k_3 - k_4 \cdot x_E \quad (19)$$

$$\begin{cases} k_3 = \frac{\alpha}{\gamma} \cdot x_S + \frac{\beta}{\gamma} \cdot y_S + z_S - \frac{\beta}{\gamma} \cdot k_1 \\ k_4 = \frac{\alpha}{\gamma} + \frac{\beta}{\gamma} \cdot k_2 \end{cases} \quad (20)$$

Relațiile (17) și (19) se introduc simultan în prima relație a sistemului (14) obținându-se astfel o ecuație de gradul doi în x_E (relația 21), care se ordonează la forma (22).

$$x_E^2 - 2 \cdot x_S \cdot x_E + (k_1 + k_2 \cdot x_E)^2 - 2 \cdot y_S \cdot (k_1 + k_2 \cdot x_E) + (k_3 - k_4 \cdot x_E)^2 -$$
$$- 2 \cdot z_S \cdot (k_3 - k_4 \cdot x_E) = R^2 - x_S^2 - y_S^2 - z_S^2 \qquad (21)$$

$$(1 + k_2^2 + k_4^2) \cdot x_E^2 - 2 \cdot (x_S - k_1 \cdot k_2 + k_2 \cdot y_S + k_3 \cdot k_4) \cdot x_E +$$
$$+ k_1^2 - 2 \cdot k_1 \cdot y_S + k_3^2 - 2 \cdot k_3 \cdot z_S - R^2 + x_S^2 + y_S^2 + z_S^2 = 0 \qquad (22)$$

Notăm coeficienții ecuației (22) de gradul doi în x_E, cu a_1, b_1, c_1, (vezi relația 23).

Ecuația (22) capătă forma simplificată (24), care acceptă soluțiile reale (25).

$$\begin{cases} a_1 = 1 + k_2^2 + k_4^2 \\ b_1 \equiv -\dfrac{b}{2} = x_S - k_1 \cdot k_2 + k_2 \cdot y_S + k_3 \cdot k_4 \\ c_1 = k_1^2 - 2 \cdot k_1 \cdot y_S + k_3^2 - 2 \cdot k_3 \cdot z_S - R^2 + x_S^2 + y_S^2 + z_S^2 \end{cases} \qquad (23)$$

$$a_1 \cdot x_E^2 - 2 \cdot b_1 \cdot x_E + c_1 = 0 \qquad (24)$$

$$x_{E_{1,2}} = \frac{b_1 \pm \sqrt{b_1^2 - a_1 \cdot c_1}}{a_1} \qquad (25)$$

Ne găsim din nou în fața a două soluții trebuind să o alegem pe cea corectă. Alegem o soluție și dacă calculele nu corespund poziției dorite (reprezentate și pe un desen, schiță) realegem cealaltă soluție (una din ele va corespunde obligatoriu). Probabil, soluția va fi cea negativă. Se scriu toți parametrii scalari ai punctului E, cu relațiile (26).

$$\begin{cases} x_E = \dfrac{b_1}{a_1} - \sqrt{\left(\dfrac{b_1}{a_1}\right)^2 - \dfrac{c_1}{a_1}} \\ y_E = k_1 + k_2 \cdot x_E \\ z_E = k_3 - k_4 \cdot x_E \end{cases} \qquad (26)$$

Am aflat deja coordonatele punctelor mobile D și E (situate în vârfurile triunghiului mobil DEF), și mai trebuie determinate coordonatele carteziene (rectangulare, scalare) ale punctului mobil F. Din sistemele inițiale (6, 4, 3) putem alege pentru utilizare patru relații (una din 6, una din 4, și două de la 3), relații cu care se scrie sistemul (27).

$$\begin{cases} (x_F - x_S) \cdot \alpha + (y_F - y_S) \cdot \beta + (z_F - z_S) \cdot \gamma = 0 \\ (x_F - x_S)^2 + (y_F - y_S)^2 + (z_F - z_S)^2 = R^2 \\ (x_F - x_D)^2 + (y_F - y_D)^2 + (z_F - z_D)^2 = 3 \cdot R^2 \\ (x_F - x_E)^2 + (y_F - y_E)^2 + (z_F - z_E)^2 = 3 \cdot R^2 \end{cases} \quad (27)$$

Se ridică la pătrat binoamele ultimelor două relații ale sistemului (27), expresiile obținute (28) se adună rezultând ecuația (29), care se aranjează apoi convenabil la forma finală (30).

$$\begin{cases} x_F^2 + x_D^2 - 2 \cdot x_D \cdot x_F + y_F^2 + y_D^2 - 2 \cdot y_D \cdot y_F + z_F^2 + z_D^2 - 2 \cdot z_D \cdot z_F = 3 \cdot R^2 \\ x_F^2 + x_E^2 - 2 \cdot x_E \cdot x_F + y_F^2 + y_E^2 - 2 \cdot y_E \cdot y_F + z_F^2 + z_E^2 - 2 \cdot z_E \cdot z_F = 3 \cdot R^2 \end{cases} \quad (28)$$

$$x_D^2 - x_E^2 + 2 \cdot (x_E - x_D) \cdot x_F + y_D^2 - y_E^2 + \\ + 2 \cdot (y_E - y_D) \cdot y_F + z_D^2 - z_E^2 + 2 \cdot (z_E - z_D) \cdot z_F = 0 \quad (29)$$

$$2 \cdot (x_E - x_D) \cdot x_F + 2 \cdot (y_E - y_D) \cdot y_F + 2 \cdot (z_E - z_D) \cdot z_F = \\ = x_E^2 - x_D^2 + y_E^2 - y_D^2 + z_E^2 - z_D^2 \quad (30)$$

Se repetă procedura pentru cuplul ecuațiilor doi și trei aparținând sistemului (27), obținem sistemul de două ecuații (31), care adunate dau relația (32), ce se aranjează convenabil în expresia (33).

$$\begin{cases} x_F^2 + x_S^2 - 2 \cdot x_S \cdot x_F + y_F^2 + y_S^2 - 2 \cdot y_S \cdot y_F + z_F^2 + z_S^2 - 2 \cdot z_S \cdot z_F = R^2 \\ x_F^2 + x_D^2 - 2 \cdot x_D \cdot x_F + y_F^2 + y_D^2 - 2 \cdot y_D \cdot y_F + z_F^2 + z_D^2 - 2 \cdot z_D \cdot z_F = 3 \cdot R^2 \end{cases} \quad (31)$$

$$x_D^2 - x_S^2 + 2 \cdot (x_S - x_D) \cdot x_F + y_D^2 - y_S^2 + \\ + 2 \cdot (y_S - y_D) \cdot y_F + z_D^2 - z_S^2 + 2 \cdot (z_S - z_D) \cdot z_F = 2 \cdot R^2 \quad (32)$$

$$2 \cdot (x_S - x_D) \cdot x_F + 2 \cdot (y_S - y_D) \cdot y_F + 2 \cdot (z_S - z_D) \cdot z_F = \\ = 2 \cdot R^2 + x_S^2 - x_D^2 + y_S^2 - y_D^2 + z_S^2 - z_D^2 \quad (33)$$

Se reține sistemul liniar (34) de trei ecuații cu trei necunoscute, cele trei ecuații fiind (30), (33) și prima relație a sistemului (27) desfăcută.

$$\begin{cases} 2(x_E - x_D)x_F + 2(y_E - y_D)y_F + 2(z_E - z_D)z_F = x_E^2 - x_D^2 + y_E^2 - y_D^2 + z_E^2 - z_D^2 \\ 2(x_S - x_D)x_F + 2(y_S - y_D)y_F + 2(z_S - z_D)z_F = 2R^2 + x_S^2 - x_D^2 + y_S^2 - y_D^2 + z_S^2 - z_D^2 \\ \alpha \cdot x_F + \beta \cdot y_F + \gamma \cdot z_F = \alpha \cdot x_S + \beta \cdot y_S + \gamma \cdot z_S \end{cases} \quad (34)$$

Sistemul (34) se scrie sub forma clasică (35).

$$\begin{cases} a_{11} \cdot x_F + a_{12} \cdot y_F + a_{13} \cdot z_F = b_1 \\ a_{21} \cdot x_F + a_{22} \cdot y_F + a_{23} \cdot z_F = b_2 \\ a_{31} \cdot x_F + a_{32} \cdot y_F + a_{33} \cdot z_F = b_3 \end{cases} \qquad (35)$$

Coeficienţii sistemului (35) se determină cu relaţiile (36).

$$\begin{cases} a_{11} = 2 \cdot (x_E - x_D); \quad a_{12} = 2 \cdot (y_E - y_D); \quad a_{13} = 2 \cdot (z_E - z_D); \\ b_1 = x_E^2 - x_D^2 + y_E^2 - y_D^2 + z_E^2 - z_D^2; \\ a_{21} = 2 \cdot (x_S - x_D); \quad a_{22} = 2 \cdot (y_S - y_D); \quad a_{23} = 2 \cdot (z_S - z_D); \\ b_2 = 2 \cdot R^2 + x_S^2 - x_D^2 + y_S^2 - y_D^2 + z_S^2 - z_D^2; \\ a_{31} = \alpha; \quad a_{32} = \beta; \quad a_{33} = \gamma; \quad b_3 = \alpha \cdot x_S + \beta \cdot y_S + \gamma \cdot z_S \end{cases} \quad (36)$$

Determinanţii sistemului (35) se determină cu relaţiile (37-40).

$$\Delta = \begin{vmatrix} a_{11} & a_{12} & a_{13} \\ a_{21} & a_{22} & a_{23} \\ a_{31} & a_{32} & a_{33} \end{vmatrix} = a_{11} \cdot (a_{22} \cdot a_{33} - a_{23} \cdot a_{32}) +$$
$$+ a_{12} \cdot (a_{23} \cdot a_{31} - a_{21} \cdot a_{33}) + a_{13} \cdot (a_{21} \cdot a_{32} - a_{22} \cdot a_{31}) \qquad (37)$$

$$\Delta_x = \begin{vmatrix} b_1 & a_{12} & a_{13} \\ b_2 & a_{22} & a_{23} \\ b_3 & a_{32} & a_{33} \end{vmatrix} = b_1 \cdot (a_{22} \cdot a_{33} - a_{23} \cdot a_{32}) +$$
$$+ a_{12} \cdot (a_{23} \cdot b_3 - b_2 \cdot a_{33}) + a_{13} \cdot (b_2 \cdot a_{32} - a_{22} \cdot b_3) \qquad (38)$$

$$\Delta_y = \begin{vmatrix} a_{11} & b_1 & a_{13} \\ a_{21} & b_2 & a_{23} \\ a_{31} & b_3 & a_{33} \end{vmatrix} = a_{11} \cdot (b_2 \cdot a_{33} - a_{23} \cdot b_3) + \tag{39}$$

$$+ b_1 \cdot (a_{23} \cdot a_{31} - a_{21} \cdot a_{33}) + a_{13} \cdot (a_{21} \cdot b_3 - b_2 \cdot a_{31})$$

$$\Delta_z = \begin{vmatrix} a_{11} & a_{12} & b_1 \\ a_{21} & a_{22} & b_2 \\ a_{31} & a_{32} & b_3 \end{vmatrix} = a_{11} \cdot (a_{22} \cdot b_3 - b_2 \cdot a_{32}) + \tag{40}$$

$$+ a_{12} \cdot (b_2 \cdot a_{31} - a_{21} \cdot b_3) + b_1 \cdot (a_{21} \cdot a_{32} - a_{22} \cdot a_{31})$$

Soluțiile sistemului sunt date de relațiile (41).

$$\begin{cases} x_F = \dfrac{\Delta_x}{\Delta} \\[2mm] y_F = \dfrac{\Delta_y}{\Delta} \\[2mm] z_F = \dfrac{\Delta_z}{\Delta} \end{cases} \tag{41}$$

Cu coordonatele cunoscute ale punctelor D, E, F, impuse de poziția planului DEF și de alegerea punctului D, se determină lungimile necesare ale picioarelor (elementelor motoare), (a se vedea relațiile 42).

$$\begin{cases} l_1 = \sqrt{(x_D - x_A)^2 + (y_D - y_A)^2 + (z_D - z_A)^2} \\ l_2 = \sqrt{(x_D - x_B)^2 + (y_D - y_B)^2 + (z_D - z_B)^2} \\ l_3 = \sqrt{(x_E - x_B)^2 + (y_E - y_B)^2 + (z_E - z_B)^2} \\ l_4 = \sqrt{(x_E - x_C)^2 + (y_E - y_C)^2 + (z_E - z_C)^2} \\ l_5 = \sqrt{(x_F - x_C)^2 + (y_F - y_C)^2 + (z_F - z_C)^2} \\ l_6 = \sqrt{(x_F - x_A)^2 + (y_F - y_A)^2 + (z_F - z_A)^2} \end{cases} \tag{42}$$

Cap 11_Sistemele mecanice mobile paralele.
Geometria şi cinematica inversă la platforma Stewart.
Determinarea vitezelor.

În figura 1 se prezintă un model teoretic care aproximează primul mecanism Stewart. Se reaminteşte şi fig. 2, cu geometria planului mobil DEF.

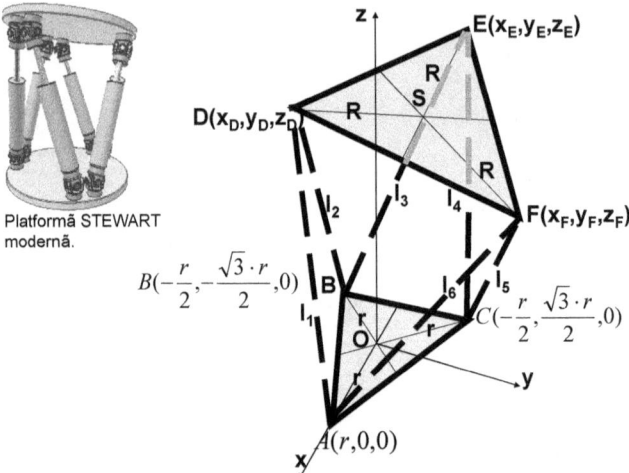

Platformă STEWART modernă.

Model teoretic, geometro-cinematic, pentru studiul platformei STEWART.

Fig. 1. Geometria şi cinematica unei platforme Stewart

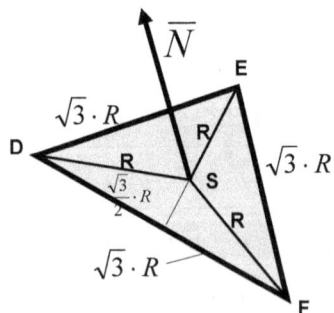

Geometria triunghiului mobil, DEF.
Triunghiul (planul) mobil, DEF. Vectorul N, perpendicular pe planul mobil DEF, poziţionat în S, unde S este centrul de simetrie al triunghiului DEF.
Pentru simplificarea calculelor s-a considerat triunghiul DEF echilateral.
(În particular R poate coincide cu r).

Fig. 2. Geometria planului mobil DEF

Având geometria și pozițiile rezolvate, se va trece la determinarea vitezelor din mecanism, mai exact determinarea vitezelor cuplelor cinematice mobile. Se cunosc $\dot{x}_S, \dot{y}_S, \dot{z}_S, \dot{\alpha}, \dot{\beta}, \dot{\gamma}, \dot{z}_D$. Se aleg relațiile (1), care se derivează în funcție de timp obținându-se expresiile (2). Acestea se aranjează în forma (3). Se obține astfel un sistem liniar de două ecuații cu două necunoscute, identificat prin relațiile (4).

$$\begin{cases} (x_D - x_S) \cdot \alpha + (y_D - y_S) \cdot \beta = (z_S - z_D) \cdot \gamma \\ (x_D - x_S)^2 + (y_D - y_S)^2 = R^2 - (z_D - z_S)^2 \end{cases} \quad (1)$$

$$\begin{cases} (\dot{x}_D - \dot{x}_S) \cdot \alpha + (x_D - x_S) \cdot \dot{\alpha} + (\dot{y}_D - \dot{y}_S) \cdot \beta + (y_D - y_S) \cdot \dot{\beta} = \\ = (\dot{z}_S - \dot{z}_D) \cdot \gamma + (z_S - z_D) \cdot \dot{\gamma} \\ \\ 2 \cdot (x_D - x_S) \cdot (\dot{x}_D - \dot{x}_S) + 2 \cdot (y_D - y_S) \cdot (\dot{y}_D - \dot{y}_S) = \\ = -2 \cdot (z_D - z_S) \cdot (\dot{z}_D - \dot{z}_S) \end{cases} \quad (2)$$

$$\begin{cases} \alpha \cdot \dot{x}_D + \beta \cdot \dot{y}_D = \alpha \cdot \dot{x}_S - (x_D - x_S) \cdot \dot{\alpha} + \beta \cdot \dot{y}_S - (y_D - y_S) \cdot \dot{\beta} + \\ + (\dot{z}_S - \dot{z}_D) \cdot \gamma + (z_S - z_D) \cdot \dot{\gamma} \\ \\ (x_D - x_S) \cdot \dot{x}_D + (y_D - y_S) \cdot \dot{y}_D = (x_D - x_S) \cdot \dot{x}_S + (y_D - y_S) \cdot \dot{y}_S - \\ - (z_D - z_S) \cdot (\dot{z}_D - \dot{z}_S) \end{cases} \quad (3)$$

$$\begin{cases} a_{11} \cdot \dot{x}_D + a_{12} \cdot \dot{y}_D = b_1 \\ a_{21} \cdot \dot{x}_D + a_{22} \cdot \dot{y}_D = b_2 \\ a_{11} = \alpha; \quad a_{12} = \beta; \quad a_{21} = x_D - x_S; \quad a_{22} = y_D - y_S; \\ \\ b_1 = \alpha \cdot \dot{x}_S - (x_D - x_S) \cdot \dot{\alpha} + \beta \cdot \dot{y}_S - (y_D - y_S) \cdot \dot{\beta} + \\ + (\dot{z}_S - \dot{z}_D) \cdot \gamma + (z_S - z_D) \cdot \dot{\gamma} \\ \\ b_2 = (x_D - x_S) \cdot \dot{x}_S + (y_D - y_S) \cdot \dot{y}_S - (z_D - z_S) \cdot (\dot{z}_D - \dot{z}_S) \end{cases} \quad (4)$$

Determinantul sistemului (3-4) se scrie cu relația (5).

$$\Delta = \begin{vmatrix} a_{11} & a_{12} \\ a_{21} & a_{22} \end{vmatrix} = a_{11} \cdot a_{22} - a_{12} \cdot a_{21} = \alpha \cdot (y_D - y_S) - \beta \cdot (x_D - x_S) \quad (5)$$

Se calculează Δ_{x1} cu relația (6) și $\dot{x}_D$ cu relația (7).

$$\Delta_{x1} = \begin{vmatrix} b_1 & a_{12} \\ b_2 & a_{22} \end{vmatrix} = b_1 \cdot a_{22} - a_{12} \cdot b_2 \qquad (6)$$

$$\dot{x}_D = \frac{\Delta_{x1}}{\Delta} \qquad (7)$$

Se calculează Δ_{y1} cu relația (8) și $\dot{y}_D$ cu relația (9).

$$\Delta_{y1} = \begin{vmatrix} a_{11} & b_1 \\ a_{21} & b_2 \end{vmatrix} = a_{11} \cdot b_2 - b_1 \cdot a_{21} \qquad (8)$$

$$\dot{y}_D = \frac{\Delta_{y1}}{\Delta} \qquad (9)$$

Se scrie în continuare sistemul (10), care se derivează în raport cu timpul și capătă forma (11).

$$\begin{cases} (x_E - x_S) \cdot \alpha + (y_E - y_S) \cdot \beta + (z_E - z_S) \cdot \gamma = 0 \\ (x_E - x_S)^2 + (y_E - y_S)^2 + (z_E - z_S)^2 = R^2 \\ (x_E - x_D)^2 + (y_E - y_D)^2 + (z_E - z_D)^2 = 3 \cdot R^2 \end{cases} \qquad (10)$$

$$\begin{cases} (\dot{x}_E - \dot{x}_S) \cdot \alpha + (x_E - x_S) \cdot \dot{\alpha} + (\dot{y}_E - \dot{y}_S) \cdot \beta + \\ + (y_E - y_S) \cdot \dot{\beta} + (\dot{z}_E - \dot{z}_S) \cdot \gamma + (z_E - z_S) \cdot \dot{\gamma} = 0 \\[2mm] 2 \cdot (x_E - x_S) \cdot (\dot{x}_E - \dot{x}_S) + 2 \cdot (y_E - y_S) \cdot (\dot{y}_E - \dot{y}_S) + \\ + 2 \cdot (z_E - z_S) \cdot (\dot{z}_E - \dot{z}_S) = 0 \\[2mm] 2 \cdot (x_E - x_D) \cdot (\dot{x}_E - \dot{x}_D) + 2 \cdot (y_E - y_D) \cdot (\dot{y}_E - \dot{y}_D) + \\ + 2 \cdot (z_E - z_D) \cdot (\dot{z}_E - \dot{z}_D) = 0 \end{cases} \qquad (11)$$

Pentru rezolvare, sistemul (11) se ordonează sub forma (12), care reprezintă un sistem liniar de trei ecuații de gradul unu cu trei necunoscute, identificat prin formulele din sistemul (13).

$$\begin{cases} \alpha \cdot \dot{x}_E + \beta \cdot \dot{y}_E + \gamma \cdot \dot{z}_E = \alpha \cdot \dot{x}_S - (x_E - x_S) \cdot \dot{\alpha} + \\ \quad + \beta \cdot \dot{y}_S - (y_E - y_S) \cdot \dot{\beta} + \gamma \cdot \dot{z}_S - (z_E - z_S) \cdot \dot{\gamma} \\ \\ (x_E - x_S) \cdot \dot{x}_E + (y_E - y_S) \cdot \dot{y}_E + (z_E - z_S) \cdot \dot{z}_E = \\ \quad = (x_E - x_S) \cdot \dot{x}_S + (y_E - y_S) \cdot \dot{y}_S + (z_E - z_S) \cdot \dot{z}_S \\ \\ (x_E - x_D) \cdot \dot{x}_E + (y_E - y_D) \cdot \dot{y}_E + (z_E - z_D) \cdot \dot{z}_E = \\ \quad = (x_E - x_D) \cdot \dot{x}_D + (y_E - y_D) \cdot \dot{y}_D + (z_E - z_D) \cdot \dot{z}_D \end{cases} \tag{12}$$

$$\begin{cases} c_{11} \cdot \dot{x}_E + c_{12} \cdot \dot{y}_E + c_{13} \cdot \dot{z}_E = c_1 \\ c_{21} \cdot \dot{x}_E + c_{22} \cdot \dot{y}_E + c_{23} \cdot \dot{z}_E = c_2 \\ c_{31} \cdot \dot{x}_E + c_{32} \cdot \dot{y}_E + c_{33} \cdot \dot{z}_E = c_3 \\ \\ c_{11} = \alpha; \quad c_{12} = \beta; \quad c_{13} = \gamma; \\ c_1 = \alpha \cdot \dot{x}_S - (x_E - x_S) \cdot \dot{\alpha} + \beta \cdot \dot{y}_S - (y_E - y_S) \cdot \dot{\beta} + \gamma \cdot \dot{z}_S - (z_E - z_S) \cdot \dot{\gamma} \\ \\ c_{21} = x_E - x_S; \quad c_{22} = y_E - y_S; \quad c_{23} = z_E - z_s; \\ c_2 = (x_E - x_S) \cdot \dot{x}_S + (y_E - y_S) \cdot \dot{y}_S + (z_E - z_S) \cdot \dot{z}_S \\ \\ c_{31} = x_E - x_D; \quad c_{32} = y_E - y_D; \quad c_{33} = z_E - z_D; \\ c_3 = (x_E - x_D) \cdot \dot{x}_D + (y_E - y_D) \cdot \dot{y}_D + (z_E - z_D) \cdot \dot{z}_D \end{cases} \tag{13}$$

Determinantul principal al sistemului (13) se calculează cu relațiile (14).

$$\begin{cases} \Delta^{(c)} = \begin{vmatrix} c_{11} & c_{12} & c_{13} \\ c_{21} & c_{22} & c_{23} \\ c_{31} & c_{32} & c_{33} \end{vmatrix} = c_{11} \cdot (c_{22} \cdot c_{33} - c_{23} \cdot c_{32}) - \\ \\ - c_{12} \cdot (c_{21} \cdot c_{33} - c_{23} \cdot c_{31}) + c_{13} \cdot (c_{21} \cdot c_{32} - c_{22} \cdot c_{31}) \\ \\ \Delta^{(c)} = \alpha \cdot [(y_E - y_S)(z_E - z_D) - (z_E - z_S) \cdot (y_E - y_D)] - \\ - \beta \cdot [(x_E - x_S) \cdot (z_E - z_D) - (z_E - z_S) \cdot (x_E - x_D)] + \\ + \gamma \cdot [(x_E - x_S) \cdot (y_E - y_D) - (y_E - y_S) \cdot (x_E - x_D)] \end{cases} \tag{14}$$

Determinantul primei viteze scalare se calculează cu relația (15).

$$
\begin{cases}
\Delta_x^{(c)} = \begin{vmatrix} c_1 & c_{12} & c_{13} \\ c_2 & c_{22} & c_{23} \\ c_3 & c_{32} & c_{33} \end{vmatrix} = c_1 \cdot (c_{22} \cdot c_{33} - c_{23} \cdot c_{32}) - \\
- c_{12} \cdot (c_2 \cdot c_{33} - c_{23} \cdot c_3) + c_{13} \cdot (c_2 \cdot c_{32} - c_{22} \cdot c_3)
\end{cases} \tag{15}
$$

Prima viteză scalară $\dot{x}_E$ se determină cu expresia (16).

$$
\dot{x}_E = \frac{\Delta_x^{(c)}}{\Delta^{(c)}} \tag{16}
$$

Determinantul celei de a doua viteze scalare se calculează cu relația (17).

$$
\begin{cases}
\Delta_y^{(c)} = \begin{vmatrix} c_{11} & c_1 & c_{13} \\ c_{21} & c_2 & c_{23} \\ c_{31} & c_3 & c_{33} \end{vmatrix} = c_{11} \cdot (c_2 \cdot c_{33} - c_{23} \cdot c_3) - \\
- c_1 \cdot (c_{21} \cdot c_{33} - c_{23} \cdot c_{31}) + c_{13} \cdot (c_{21} \cdot c_3 - c_2 \cdot c_{31})
\end{cases} \tag{17}
$$

A doua viteză scalară $\dot{y}_E$ se determină cu expresia (18).

$$
\dot{y}_E = \frac{\Delta_y^{(c)}}{\Delta^{(c)}} \tag{18}
$$

Determinantul celei de a treia viteze scalare se calculează cu relația (19).

$$
\begin{cases}
\Delta_z^{(c)} = \begin{vmatrix} c_{11} & c_{12} & c_1 \\ c_{21} & c_{22} & c_2 \\ c_{31} & c_{32} & c_3 \end{vmatrix} = c_{11} \cdot (c_{22} \cdot c_3 - c_2 \cdot c_{32}) - \\
- c_{12} \cdot (c_{21} \cdot c_3 - c_2 \cdot c_{31}) + c_1 \cdot (c_{21} \cdot c_{32} - c_{22} \cdot c_{31})
\end{cases} \tag{19}
$$

A treia viteză scalară $\dot{z}_E$ se determină cu expresia (20).

$$
\dot{z}_E = \frac{\Delta_z^{(c)}}{\Delta^{(c)}} \tag{20}
$$

S-au găsit vitezele scalare ale punctelor mobile D și E, mai trebuie determinate și cele trei componente scalare reprezentând vitezele scalare ale ultimului punct mobil F. Se porneşte de la sistemul de poziţii cunoscut (21), care se derivează în funcţie de timp şi rezultă sistemul (22).

$$\begin{cases} (x_F - x_S) \cdot \alpha + (y_F - y_S) \cdot \beta + (z_F - z_S) \cdot \gamma = 0 \\ (x_F - x_S)^2 + (y_F - y_S)^2 + (z_F - z_S)^2 = R^2 \\ (x_F - x_D)^2 + (y_F - y_D)^2 + (z_F - z_D)^2 = 3 \cdot R^2 \end{cases} \quad (21)$$

$$\begin{cases} (\dot{x}_F - \dot{x}_S) \cdot \alpha + (x_F - x_S) \cdot \dot{\alpha} + (\dot{y}_F - \dot{y}_S) \cdot \beta + (y_F - y_S) \cdot \dot{\beta} + \\ + (\dot{z}_F - \dot{z}_S) \cdot \gamma + (z_F - z_S) \cdot \dot{\gamma} = 0 \\ \\ 2 \cdot (x_F - x_S) \cdot (\dot{x}_F - \dot{x}_S) + 2 \cdot (y_F - y_S) \cdot (\dot{y}_F - \dot{y}_S) + 2 \cdot (z_F - z_S) \cdot (\dot{z}_F - \dot{z}_S) = 0 \\ \\ 2 \cdot (x_F - x_D) \cdot (\dot{x}_F - \dot{x}_D) + 2 \cdot (y_F - y_D) \cdot (\dot{y}_F - \dot{y}_D) + 2 \cdot (z_F - z_D) \cdot (\dot{z}_F - \dot{z}_D) = 0 \end{cases} \quad (22)$$

Sistemul (22) se aranjează în forma (23) care reprezintă un sistem liniar de trei ecuaţii de gradul întâi cu trei necunoscute, ale cărui ecuaţii se identifică prin (24), iar ai cărui parametrii se scriu sub forma (25).

$$\begin{cases} \alpha \cdot \dot{x}_F + \beta \cdot \dot{y}_F + \gamma \cdot \dot{z}_F = \\ = \alpha \cdot \dot{x}_S + \beta \cdot \dot{y}_S + \gamma \cdot \dot{z}_S - (x_F - x_S) \cdot \dot{\alpha} - (y_F - y_S) \cdot \dot{\beta} - (z_F - z_S) \cdot \dot{\gamma} \\ \\ (x_F - x_S) \cdot \dot{x}_F + (y_F - y_S) \cdot \dot{y}_F + (z_F - z_S) \cdot \dot{z}_F = \\ = (x_F - x_S) \cdot \dot{x}_S + (y_F - y_S) \cdot \dot{y}_S + (z_F - z_S) \cdot \dot{z}_S \\ \\ (x_F - x_D) \cdot \dot{x}_F + (y_F - y_D) \cdot \dot{y}_F + (z_F - z_D) \cdot \dot{z}_F = \\ = (x_F - x_D) \cdot \dot{x}_D + (y_F - y_D) \cdot \dot{y}_D + (z_F - z_D) \cdot \dot{z}_D \end{cases} \quad (23)$$

$$\begin{cases} d_{11} \cdot \dot{x}_F + d_{12} \cdot \dot{y}_F + d_{13} \cdot \dot{z}_F = d_1 \\ d_{21} \cdot \dot{x}_F + d_{22} \cdot \dot{y}_F + d_{23} \cdot \dot{z}_F = d_2 \\ d_{31} \cdot \dot{x}_F + d_{32} \cdot \dot{y}_F + d_{33} \cdot \dot{z}_F = d_3 \end{cases} \quad (24)$$

$$\begin{cases} d_{11} = \alpha; \quad d_{12} = \beta; \quad d_{13} = \gamma; \\ d_1 = \alpha \cdot \dot{x}_S + \beta \cdot \dot{y}_S + \gamma \cdot \dot{z}_S - (x_F - x_S) \cdot \dot{\alpha} - (y_F - y_S) \cdot \dot{\beta} - (z_F - z_S) \cdot \dot{\gamma}; \\ d_{21} = x_F - x_S; \quad d_{22} = y_F - y_S; \quad d_{23} = z_F - z_S; \\ d_2 = (x_F - x_S) \cdot \dot{x}_S + (y_F - y_S) \cdot \dot{y}_S + (z_F - z_S) \cdot \dot{z}_S \\ d_{31} = x_F - x_D; \quad d_{32} = y_F - y_D; \quad d_{33} = z_F - z_D; \\ d_3 = (x_F - x_D) \cdot \dot{x}_D + (y_F - y_D) \cdot \dot{y}_D + (z_F - z_D) \cdot \dot{z}_D \end{cases} \quad (25)$$

Cei patru determinanţi ai sistemului se scriu cu relaţiile (26-29), determinantul principal fiind dat chiar de (26).

$$
\begin{cases}
\Delta^{(d)} = \begin{vmatrix} d_{11} & d_{12} & d_{13} \\ d_{21} & d_{22} & d_{23} \\ d_{31} & d_{32} & d_{33} \end{vmatrix} = d_{11} \cdot (d_{22} \cdot d_{33} - d_{23} \cdot d_{32}) - \\[2mm]
- d_{12} \cdot (d_{21} \cdot d_{33} - d_{23} \cdot d_{31}) + d_{13} \cdot (d_{21} \cdot d_{32} - d_{22} \cdot d_{31})
\end{cases}
\tag{26}
$$

$$
\begin{cases}
\Delta_x^{(d)} = \begin{vmatrix} d_1 & d_{12} & d_{13} \\ d_2 & d_{22} & d_{23} \\ d_3 & d_{32} & d_{33} \end{vmatrix} = d_1 \cdot (d_{22} \cdot d_{33} - d_{23} \cdot d_{32}) - \\[2mm]
- d_{12} \cdot (d_2 \cdot d_{33} - d_3 \cdot d_{23}) + d_{13} \cdot (d_2 \cdot d_{32} - d_3 \cdot d_{22})
\end{cases}
\tag{27}
$$

$$
\begin{cases}
\Delta_y^{(d)} = \begin{vmatrix} d_{11} & d_1 & d_{13} \\ d_{21} & d_2 & d_{23} \\ d_{31} & d_3 & d_{33} \end{vmatrix} = d_{11} \cdot (d_2 \cdot d_{33} - d_3 \cdot d_{23}) - \\[2mm]
- d_1 \cdot (d_{21} \cdot d_{33} - d_{23} \cdot d_{31}) + d_{13} \cdot (d_{21} \cdot d_3 - d_2 \cdot d_{31})
\end{cases}
\tag{28}
$$

$$
\begin{cases}
\Delta_z^{(d)} = \begin{vmatrix} d_{11} & d_{12} & d_1 \\ d_{21} & d_{22} & d_2 \\ d_{31} & d_{32} & d_3 \end{vmatrix} = d_{11} \cdot (d_{22} \cdot d_3 - d_2 \cdot d_{32}) - \\[2mm]
- d_{12} \cdot (d_{21} \cdot d_3 - d_2 \cdot d_{31}) + d_1 \cdot (d_{21} \cdot d_{32} - d_{22} \cdot d_{31})
\end{cases}
\tag{29}
$$

Soluţiile sistemului de viteze scalare se obţin cu ajutorul relaţiilor (30).

$$
\left\{ \dot{x}_F = \frac{\Delta_x^{(d)}}{\Delta^{(d)}}; \quad \dot{y}_F = \frac{\Delta_y^{(d)}}{\Delta^{(d)}}; \quad \dot{z}_F = \frac{\Delta_z^{(d)}}{\Delta^{(d)}}; \right.
\tag{30}
$$

Vitezele planului mobil (superior) fiind determinate, putem trece la etapa finală în care se vor determina vitezele liniare ale celor şase cuple motoare de translaţie. Se scriu mai întâi relaţiile de poziţii (31).

$$\begin{cases} l_1^2 = (x_D - x_A)^2 + (y_D - y_A)^2 + (z_D - z_A)^2 \\ l_2^2 = (x_D - x_B)^2 + (y_D - y_B)^2 + (z_D - z_B)^2 \\ l_3^2 = (x_E - x_B)^2 + (y_E - y_B)^2 + (z_E - z_B)^2 \\ l_4^2 = (x_E - x_C)^2 + (y_E - y_C)^2 + (z_E - z_C)^2 \\ l_5^2 = (x_F - x_C)^2 + (y_F - y_C)^2 + (z_F - z_C)^2 \\ l_6^2 = (x_F - x_A)^2 + (y_F - y_A)^2 + (z_F - z_A)^2 \end{cases} \tag{31}$$

Relaţiile sistemului (31) se derivează în raport cu timpul şi se obţin expresiile sistemului (32), din care se explicitează vitezele liniare ale elementelor motoare (33).

$$\begin{cases} 2 \cdot l_1 \cdot \dot{l}_1 = 2 \cdot (x_D - x_A) \cdot \dot{x}_D + 2 \cdot (y_D - y_A) \cdot \dot{y}_D + 2 \cdot (z_D - z_A) \cdot \dot{z}_D \\ 2 \cdot l_2 \cdot \dot{l}_2 = 2 \cdot (x_D - x_B) \cdot \dot{x}_D + 2 \cdot (y_D - y_B) \cdot \dot{y}_D + 2 \cdot (z_D - z_B) \cdot \dot{z}_D \\ 2 \cdot l_3 \cdot \dot{l}_3 = 2 \cdot (x_E - x_B) \cdot \dot{x}_E + 2 \cdot (y_E - y_B) \cdot \dot{y}_E + 2 \cdot (z_E - z_B) \cdot \dot{z}_E \\ 2 \cdot l_4 \cdot \dot{l}_4 = 2 \cdot (x_E - x_C) \cdot \dot{x}_E + 2 \cdot (y_E - y_C) \cdot \dot{y}_E + 2 \cdot (z_E - z_C) \cdot \dot{z}_E \\ 2 \cdot l_5 \cdot \dot{l}_5 = 2 \cdot (x_F - x_C) \cdot \dot{x}_F + 2 \cdot (y_F - y_C) \cdot \dot{y}_F + 2 \cdot (z_F - z_C) \cdot \dot{z}_F \\ 2 \cdot l_6 \cdot \dot{l}_6 = 2 \cdot (x_F - x_A) \cdot \dot{x}_F + 2 \cdot (y_F - y_A) \cdot \dot{y}_F + 2 \cdot (z_F - z_A) \cdot \dot{z}_F \end{cases} \tag{32}$$

$$\begin{cases} \dot{l}_1 = \dfrac{(x_D - x_A) \cdot \dot{x}_D + (y_D - y_A) \cdot \dot{y}_D + (z_D - z_A) \cdot \dot{z}_D}{l_1} \\[2mm] \dot{l}_2 = \dfrac{(x_D - x_B) \cdot \dot{x}_D + (y_D - y_B) \cdot \dot{y}_D + (z_D - z_B) \cdot \dot{z}_D}{l_2} \\[2mm] \dot{l}_3 = \dfrac{(x_E - x_B) \cdot \dot{x}_E + (y_E - y_B) \cdot \dot{y}_E + (z_E - z_B) \cdot \dot{z}_E}{l_3} \\[2mm] \dot{l}_4 = \dfrac{(x_E - x_C) \cdot \dot{x}_E + (y_E - y_C) \cdot \dot{y}_E + (z_E - z_C) \cdot \dot{z}_E}{l_4} \\[2mm] \dot{l}_5 = \dfrac{(x_F - x_C) \cdot \dot{x}_F + (y_F - y_C) \cdot \dot{y}_F + (z_F - z_C) \cdot \dot{z}_F}{l_5} \\[2mm] \dot{l}_6 = \dfrac{(x_F - x_A) \cdot \dot{x}_F + (y_F - y_A) \cdot \dot{y}_F + (z_F - z_A) \cdot \dot{z}_F}{l_6} \end{cases} \tag{33}$$

Cap 12_Sistemele mecanice mobile paralele.
Geometria și cinematica inversă la platforma Stewart.
Determinarea accelerațiilor.

În figura 1 se prezintă un model teoretic care aproximează primul mecanism Stewart. Se reamintește și geometria planului mobil DEF (fig. 2).

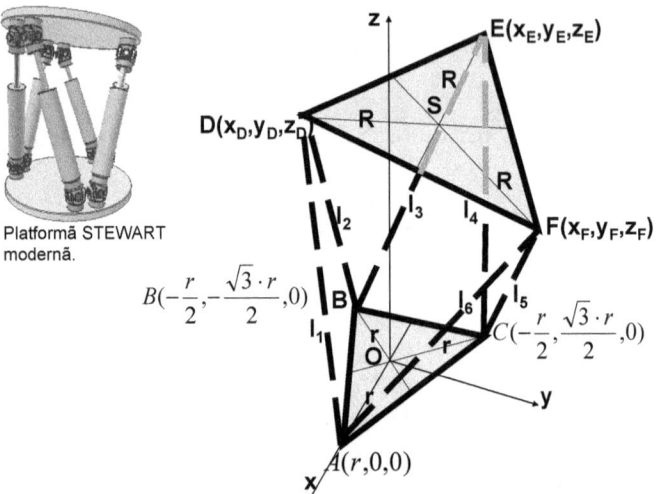

Model teoretic, geometro-cinematic, pentru studiul platformei STEWART.

Fig. 1. Geometria și cinematica unei platforme Stewart

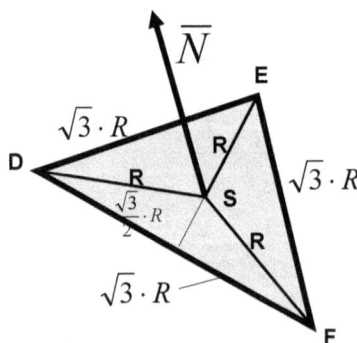

Geometria triunghiului mobil, DEF.
Triunghiul (planul) mobil, DEF. Vectorul N, perpendicular pe planul mobil DEF, poziționat în S, unde S este centrul de simetrie al triunghiului DEF.
Pentru simplificarea calculelor s-a considerat triunghiul DEF echilateral.
(În particular R poate coincide cu r).

Fig. 2. Geometria planului mobil DEF

Având geometria, pozițiile și vitezele rezolvate, se va trece la determinarea accelerațiilor din mecanism, mai exact determinarea accelerațiilor cuplelor cinematice mobile.

Se cunosc $\ddot{x}_S, \ddot{y}_S, \ddot{z}_S, \ddot{\alpha}, \ddot{\beta}, \ddot{\gamma}, \ddot{z}_D$. Se pleacă de la relațiile vitezelor (1), aranjate sub forma (2). Expresiile (2) se derivează în funcție de timp și se obține sistemul de accelerații (3), care se aranjează sub forma (4).

$$\begin{cases} (\dot{x}_D - \dot{x}_S) \cdot \alpha + (x_D - x_S) \cdot \dot{\alpha} + (\dot{y}_D - \dot{y}_S) \cdot \beta + (y_D - y_S) \cdot \dot{\beta} = \\ = (\dot{z}_S - \dot{z}_D) \cdot \gamma + (z_S - z_D) \cdot \dot{\gamma} \\ \\ (x_D - x_S) \cdot (\dot{x}_D - \dot{x}_S) + (y_D - y_S) \cdot (\dot{y}_D - \dot{y}_S) = -(z_D - z_S) \cdot (\dot{z}_D - \dot{z}_S) \end{cases} \quad (1)$$

$$\begin{cases} \alpha \cdot \dot{x}_D + \beta \cdot \dot{y}_D = \alpha \cdot \dot{x}_S - (x_D - x_S) \cdot \dot{\alpha} + \beta \cdot \dot{y}_S - (y_D - y_S) \cdot \dot{\beta} + \\ + (\dot{z}_S - \dot{z}_D) \cdot \gamma + (z_S - z_D) \cdot \dot{\gamma} \\ \\ (x_D - x_S) \cdot \dot{x}_D + (y_D - y_S) \cdot \dot{y}_D = (x_D - x_S) \cdot \dot{x}_S + (y_D - y_S) \cdot \dot{y}_S - \\ - (z_D - z_S) \cdot (\dot{z}_D - \dot{z}_S) \end{cases} \quad (2)$$

$$\begin{cases} \dot{\alpha} \cdot \dot{x}_D + \alpha \cdot \ddot{x}_D + \dot{\beta} \cdot \dot{y}_D + \beta \cdot \ddot{y}_D = \dot{\alpha} \cdot \dot{x}_S + \alpha \cdot \ddot{x}_S - (\dot{x}_D - \dot{x}_S) \cdot \dot{\alpha} - (x_D - x_S) \cdot \ddot{\alpha} + \\ + \dot{\beta} \cdot \dot{y}_S + \beta \cdot \ddot{y}_S - (\dot{y}_D - \dot{y}_S) \cdot \dot{\beta} - (y_D - y_S) \cdot \ddot{\beta} + (\ddot{z}_S - \ddot{z}_D) \cdot \gamma + \\ + (\dot{z}_S - \dot{z}_D) \cdot \dot{\gamma} + (\dot{z}_S - \dot{z}_D) \cdot \dot{\gamma} + (z_S - z_D) \cdot \ddot{\gamma} \\ \\ (\dot{x}_D - \dot{x}_S) \cdot \dot{x}_D + (x_D - x_S) \cdot \ddot{x}_D + (\dot{y}_D - \dot{y}_S) \cdot \dot{y}_D + (y_D - y_S) \cdot \ddot{y}_D = \\ = (\dot{x}_D - \dot{x}_S) \cdot \dot{x}_S + (x_D - x_S) \cdot \ddot{x}_S + (\dot{y}_D - \dot{y}_S) \cdot \dot{y}_S + (y_D - y_S) \cdot \ddot{y}_S - \\ - (\dot{z}_D - \dot{z}_S)^2 - (z_D - z_S) \cdot (\ddot{z}_D - \ddot{z}_S) \end{cases} \quad (3)$$

$$\begin{cases} \alpha \cdot \ddot{x}_D + \beta \cdot \ddot{y}_D = 2 \cdot \dot{\alpha} \cdot (\dot{x}_S - \dot{x}_D) + 2 \cdot \dot{\beta} \cdot (\dot{y}_S - \dot{y}_D) + \alpha \cdot \ddot{x}_S + \beta \cdot \ddot{y}_S + \\ + (x_S - x_D) \cdot \ddot{\alpha} + (y_S - y_D) \cdot \ddot{\beta} + (\ddot{z}_S - \ddot{z}_D) \cdot \gamma + 2 \cdot (\dot{z}_S - \dot{z}_D) \cdot \dot{\gamma} + (z_S - z_D) \cdot \ddot{\gamma} \\ \\ (x_D - x_S) \cdot \ddot{x}_D + (y_D - y_S) \cdot \ddot{y}_D = -(\dot{x}_D - \dot{x}_S)^2 - (\dot{y}_D - \dot{y}_S)^2 - (\dot{z}_D - \dot{z}_S)^2 + \\ + (x_D - x_S) \cdot \ddot{x}_S + (y_D - y_S) \cdot \ddot{y}_S - (z_D - z_S) \cdot (\ddot{z}_D - \ddot{z}_S) \end{cases} \quad (4)$$

Identificăm sistemul liniar de două ecuații cu două necunoscute (5), având coeficienții (6) și soluțiile (7).

$$\begin{cases} a_{11} \cdot \ddot{x}_D + a_{12} \cdot \ddot{y}_D = f_1 \\ a_{21} \cdot \ddot{x}_D + a_{22} \cdot \ddot{y}_D = f_2 \end{cases} \quad (5)$$

$$\begin{cases} a_{11} = \alpha; \quad a_{12} = \beta; \quad a_{21} = x_D - x_S; \quad a_{22} = y_D - y_S; \\[2mm] f_1 = 2 \cdot \left[\dot{\alpha} \cdot (\dot{x}_S - \dot{x}_D) + \dot{\beta} \cdot (\dot{y}_S - \dot{y}_D) + \dot{\gamma} \cdot (\dot{z}_S - \dot{z}_D)\right] + \alpha \cdot \ddot{x}_S + \beta \cdot \ddot{y}_S + \\[1mm] \quad + \gamma \cdot (\ddot{z}_S - \ddot{z}_D) + (x_S - x_D) \cdot \ddot{\alpha} + (y_S - y_D) \cdot \ddot{\beta} + (z_S - z_D) \cdot \ddot{\gamma} \\[3mm] f_2 = -(\dot{x}_D - \dot{x}_S)^2 - (\dot{y}_D - \dot{y}_S)^2 - (\dot{z}_D - \dot{z}_S)^2 + \\[1mm] \quad + (x_D - x_S) \cdot \ddot{x}_S + (y_D - y_S) \cdot \ddot{y}_S - (z_D - z_S) \cdot (\ddot{z}_D - \ddot{z}_S) \end{cases} \tag{6}$$

$$\begin{cases} \Delta_f = \begin{vmatrix} a_{11} & a_{12} \\ a_{21} & a_{22} \end{vmatrix} = a_{11} \cdot a_{22} - a_{12} \cdot a_{21} \\[6mm] \Delta_{xD2} = \begin{vmatrix} f_1 & a_{12} \\ f_2 & a_{22} \end{vmatrix} = f_1 \cdot a_{22} - f_2 \cdot a_{12} \\[6mm] \Delta_{yD2} = \begin{vmatrix} a_{11} & f_1 \\ a_{21} & f_2 \end{vmatrix} = f_2 \cdot a_{11} - f_1 \cdot a_{21} \\[6mm] \ddot{x}_D = \dfrac{\Delta_{xD2}}{\Delta_f}; \quad \ddot{y}_D = \dfrac{\Delta_{yD2}}{\Delta_f} \end{cases} \tag{7}$$

În continuare se trece la punctul următor, fapt pentru care utilizăm sistemul de viteze (8). Sistemul (8) se derivează și se obțin relațiile accelerațiilor (9), care se aranjează în forma (10). Se identifică coeficienții (11) și sistemul liniar (12) format din trei ecuații de gradul I fiecare, cu trei necunoscute, sistem ce se rezolvă cu relațiile (13).

$$\begin{cases} c_{11} \cdot \dot{x}_E + c_{12} \cdot \dot{y}_E + c_{13} \cdot \dot{z}_E = c_1 \\ c_{21} \cdot \dot{x}_E + c_{22} \cdot \dot{y}_E + c_{23} \cdot \dot{z}_E = c_2 \\ c_{31} \cdot \dot{x}_E + c_{32} \cdot \dot{y}_E + c_{33} \cdot \dot{z}_E = c_3 \end{cases} \tag{8}$$

$$\begin{cases} \dot{c}_{11} \cdot \dot{x}_E + \dot{c}_{12} \cdot \dot{y}_E + \dot{c}_{13} \cdot \dot{z}_E + c_{11} \cdot \ddot{x}_E + c_{12} \cdot \ddot{y}_E + c_{13} \cdot \ddot{z}_E = \dot{c}_1 \\ \dot{c}_{21} \cdot \dot{x}_E + \dot{c}_{22} \cdot \dot{y}_E + \dot{c}_{23} \cdot \dot{z}_E + c_{21} \cdot \ddot{x}_E + c_{22} \cdot \ddot{y}_E + c_{23} \cdot \ddot{z}_E = \dot{c}_2 \\ \dot{c}_{31} \cdot \dot{x}_E + \dot{c}_{32} \cdot \dot{y}_E + \dot{c}_{33} \cdot \dot{z}_E + c_{31} \cdot \ddot{x}_E + c_{32} \cdot \ddot{y}_E + c_{33} \cdot \ddot{z}_E = \dot{c}_3 \end{cases} \quad (9)$$

$$\begin{cases} c_{11} \cdot \ddot{x}_E + c_{12} \cdot \ddot{y}_E + c_{13} \cdot \ddot{z}_E = \dot{c}_1 - \dot{c}_{11} \cdot \dot{x}_E - \dot{c}_{12} \cdot \dot{y}_E - \dot{c}_{13} \cdot \dot{z}_E \\ c_{21} \cdot \ddot{x}_E + c_{22} \cdot \ddot{y}_E + c_{23} \cdot \ddot{z}_E = \dot{c}_2 - \dot{c}_{21} \cdot \dot{x}_E - \dot{c}_{22} \cdot \dot{y}_E - \dot{c}_{23} \cdot \dot{z}_E \\ c_{31} \cdot \ddot{x}_E + c_{32} \cdot \ddot{y}_E + c_{33} \cdot \ddot{z}_E = \dot{c}_3 - \dot{c}_{31} \cdot \dot{x}_E - \dot{c}_{32} \cdot \dot{y}_E - \dot{c}_{33} \cdot \dot{z}_E \end{cases} \quad (10)$$

$$\begin{cases} c_{11} = \alpha; \quad \dot{c}_{11} = \dot{\alpha}; \quad c_{12} = \beta; \quad \dot{c}_{12} = \dot{\beta}; \quad c_{13} = \gamma; \quad \dot{c}_{13} = \dot{\gamma}; \\[4pt] c_{21} = x_E - x_S; \quad \dot{c}_{21} = \dot{x}_E - \dot{x}_S; \quad c_{22} = y_E - y_S; \quad \dot{c}_{22} = \dot{y}_E - \dot{y}_S; \\[4pt] c_{23} = z_E - z_S; \quad \dot{c}_{23} = \dot{z}_E - \dot{z}_S; \quad c_{31} = x_E - x_D; \quad \dot{c}_{31} = \dot{x}_E - \dot{x}_D; \\[4pt] c_{32} = y_E - y_D; \quad \dot{c}_{32} = \dot{y}_E - \dot{y}_D; \quad c_{33} = z_E - z_D; \quad \dot{c}_{33} = \dot{z}_E - \dot{z}_D; \\[8pt] c_1 = \alpha \cdot \dot{x}_S - (x_E - x_S) \cdot \dot{\alpha} + \beta \cdot \dot{y}_S - (y_E - y_S) \cdot \dot{\beta} + \gamma \cdot \dot{z}_S - (z_E - z_S) \cdot \dot{\gamma} \\[8pt] \dot{c}_1 = \dot{\alpha} \cdot \dot{x}_S + \alpha \cdot \ddot{x}_S - (\dot{x}_E - \dot{x}_S) \cdot \dot{\alpha} - (x_E - x_S) \cdot \ddot{\alpha} + \dot{\beta} \cdot \dot{y}_S + \beta \cdot \ddot{y}_S - \\ - (\dot{y}_E - \dot{y}_S) \cdot \dot{\beta} - (y_E - y_S) \cdot \ddot{\beta} + \dot{\gamma} \cdot \dot{z}_S + \gamma \cdot \ddot{z}_S - (\dot{z}_E - \dot{z}_S) \cdot \dot{\gamma} - (z_E - z_S) \cdot \ddot{\gamma} \\[8pt] c_2 = (x_E - x_S) \cdot \dot{x}_S + (y_E - y_S) \cdot \dot{y}_S + (z_E - z_S) \cdot \dot{z}_S \\[8pt] \dot{c}_2 = (\dot{x}_E - \dot{x}_S) \cdot \dot{x}_S + (x_E - x_S) \cdot \ddot{x}_S + (\dot{y}_E - \dot{y}_S) \cdot \dot{y}_S + (y_E - y_S) \cdot \ddot{y}_S + \\ + (\dot{z}_E - \dot{z}_S) \cdot \dot{z}_S + (z_E - z_S) \cdot \ddot{z}_S \\[8pt] c_3 = (x_E - x_D) \cdot \dot{x}_D + (y_E - y_D) \cdot \dot{y}_D + (z_E - z_D) \cdot \dot{z}_D \\[8pt] \dot{c}_3 = (\dot{x}_E - \dot{x}_D) \cdot \dot{x}_D + (x_E - x_D) \cdot \ddot{x}_D + (\dot{y}_E - \dot{y}_D) \cdot \dot{y}_D + (y_E - y_D) \cdot \ddot{y}_D + \\ + (\dot{z}_E - \dot{z}_D) \cdot \dot{z}_D + (z_E - z_D) \cdot \ddot{z}_D \\[8pt] e_1 = \dot{c}_1 - \dot{c}_{11} \cdot \dot{x}_E - \dot{c}_{12} \cdot \dot{y}_E - \dot{c}_{13} \cdot \dot{z}_E \\ e_2 = \dot{c}_2 - \dot{c}_{21} \cdot \dot{x}_E - \dot{c}_{22} \cdot \dot{y}_E - \dot{c}_{23} \cdot \dot{z}_E \\ e_3 = \dot{c}_3 - \dot{c}_{31} \cdot \dot{x}_E - c_{32} \cdot y_E - \dot{c}_{33} \cdot \dot{z}_E \end{cases} \quad (11)$$

$$\begin{cases} c_{11} \cdot \ddot{x}_E + c_{12} \cdot \ddot{y}_E + c_{13} \cdot \ddot{z}_E = e_1 \\ c_{21} \cdot \ddot{x}_E + c_{22} \cdot \ddot{y}_E + c_{23} \cdot \ddot{z}_E = e_2 \\ c_{31} \cdot \ddot{x}_E + c_{32} \cdot \ddot{y}_E + c_{33} \cdot \ddot{z}_E = e_3 \end{cases} \tag{12}$$

$$\begin{cases} \Delta^{(c)} = \begin{vmatrix} c_{11} & c_{12} & c_{13} \\ c_{21} & c_{22} & c_{23} \\ c_{31} & c_{32} & c_{33} \end{vmatrix} = c_{11} \cdot (c_{22} \cdot c_{33} - c_{23} \cdot c_{32}) - \\ \qquad - c_{12} \cdot (c_{21} \cdot c_{33} - c_{23} \cdot c_{31}) + c_{13} \cdot (c_{21} \cdot c_{32} - c_{22} \cdot c_{31}) \\[2mm] \Delta_{xE2} = \begin{vmatrix} e_1 & c_{12} & c_{13} \\ e_2 & c_{22} & c_{23} \\ e_3 & c_{32} & c_{33} \end{vmatrix} = e_1 \cdot (c_{22} \cdot c_{33} - c_{23} \cdot c_{32}) - \\ \qquad - c_{12} \cdot (e_2 \cdot c_{33} - c_{23} \cdot e_3) + c_{13} \cdot (e_2 \cdot c_{32} - c_{22} \cdot e_3) \\[2mm] \Delta_{yE2} = \begin{vmatrix} c_{11} & e_1 & c_{13} \\ c_{21} & e_2 & c_{23} \\ c_{31} & e_3 & c_{33} \end{vmatrix} = c_{11} \cdot (e_2 \cdot c_{33} - c_{23} \cdot e_3) - \\ \qquad - e_1 \cdot (c_{21} \cdot c_{33} - c_{23} \cdot c_{31}) + c_{13} \cdot (c_{21} \cdot e_3 - e_2 \cdot c_{31}) \\[2mm] \Delta_{zE2} = \begin{vmatrix} c_{11} & c_{12} & e_1 \\ c_{21} & c_{22} & e_2 \\ c_{31} & c_{32} & e_3 \end{vmatrix} = c_{11} \cdot (c_{22} \cdot e_3 - e_2 \cdot c_{32}) - \\ \qquad - c_{12} \cdot (c_{21} \cdot e_3 - e_2 \cdot c_{31}) + e_1 \cdot (c_{21} \cdot c_{32} - c_{22} \cdot c_{31}) \\[2mm] \ddot{x}_E = \dfrac{\Delta_{xE2}}{\Delta^{(c)}}; \quad \ddot{y}_E = \dfrac{\Delta_{yE2}}{\Delta^{(c)}}; \quad \ddot{z}_E = \dfrac{\Delta_{zE2}}{\Delta^{(c)}}; \end{cases} \tag{13}$$

În continuare se scrie sistemul de viteze (14) care se derivează și se obține sistemul accelerațiilor (15), care se aranjează în forma (16).

Coeficienții se determină cu relațiile (17) iar sistemul ia forma (18).

$$\begin{cases} d_{11} \cdot \dot{x}_F + d_{12} \cdot \dot{y}_F + d_{13} \cdot \dot{z}_F = d_1 \\ d_{21} \cdot \dot{x}_F + d_{22} \cdot \dot{y}_F + d_{23} \cdot \dot{z}_F = d_2 \\ d_{31} \cdot \dot{x}_F + d_{32} \cdot \dot{y}_F + d_{33} \cdot \dot{z}_F = d_3 \end{cases} \tag{14}$$

$$\begin{cases} \dot{d}_{11} \cdot \dot{x}_F + \dot{d}_{12} \cdot \dot{y}_F + \dot{d}_{13} \cdot \dot{z}_F + d_{11} \cdot \ddot{x}_F + d_{12} \cdot \ddot{y}_F + d_{13} \cdot \ddot{z}_F = \dot{d}_1 \\ \dot{d}_{21} \cdot \dot{x}_F + \dot{d}_{22} \cdot \dot{y}_F + \dot{d}_{23} \cdot \dot{z}_F + d_{21} \cdot \ddot{x}_F + d_{22} \cdot \ddot{y}_F + d_{23} \cdot \ddot{z}_F = \dot{d}_2 \\ \dot{d}_{31} \cdot \dot{x}_F + \dot{d}_{32} \cdot \dot{y}_F + \dot{d}_{33} \cdot \dot{z}_F + d_{31} \cdot \ddot{x}_F + d_{32} \cdot \ddot{y}_F + d_{33} \cdot \ddot{z}_F = \dot{d}_3 \end{cases} \tag{15}$$

$$\begin{cases} d_{11} \cdot \ddot{x}_F + d_{12} \cdot \ddot{y}_F + d_{13} \cdot \ddot{z}_F = \dot{d}_1 - \dot{d}_{11} \cdot \dot{x}_F - \dot{d}_{12} \cdot \dot{y}_F - \dot{d}_{13} \cdot \dot{z}_F \\ d_{21} \cdot \ddot{x}_F + d_{22} \cdot \ddot{y}_F + d_{23} \cdot \ddot{z}_F = \dot{d}_2 - \dot{d}_{21} \cdot \dot{x}_F - \dot{d}_{22} \cdot \dot{y}_F - \dot{d}_{23} \cdot \dot{z}_F \\ d_{31} \cdot \ddot{x}_F + d_{32} \cdot \ddot{y}_F + d_{33} \cdot \ddot{z}_F = \dot{d}_3 - \dot{d}_{31} \cdot \dot{x}_F - \dot{d}_{32} \cdot \dot{y}_F - \dot{d}_{33} \cdot \dot{z}_F \end{cases} \tag{16}$$

$$\begin{cases} d_{11} = \alpha; \quad \dot{d}_{11} = \dot{\alpha}; \quad d_{12} = \beta; \quad \dot{d}_{12} = \dot{\beta}; \quad d_{13} = \gamma; \quad \dot{d}_{13} = \dot{\gamma}; \\ d_1 = \alpha \cdot \dot{x}_S + \beta \cdot \dot{y}_S + \gamma \cdot \dot{z}_S - (x_F - x_S) \cdot \dot{\alpha} - (y_F - y_S) \cdot \dot{\beta} - (z_F - z_S) \cdot \dot{\gamma}; \\ \dot{d}_1 = \dot{\alpha} \cdot \dot{x}_S + \alpha \cdot \ddot{x}_S + \dot{\beta} \cdot \dot{y}_S + \beta \cdot \ddot{y}_S + \dot{\gamma} \cdot \dot{z}_S + \gamma \cdot \ddot{z}_S - (\dot{x}_F - \dot{x}_S) \cdot \dot{\alpha} - \\ \quad - (x_F - x_S) \cdot \ddot{\alpha} - (\dot{y}_F - \dot{y}_S) \cdot \dot{\beta} - (y_F - y_S) \cdot \ddot{\beta} - (\dot{z}_F - \dot{z}_S) \cdot \dot{\gamma} - (z_F - z_S) \cdot \ddot{\gamma}; \\ d_{21} = x_F - x_S; \quad d_{22} = y_F - y_S; \quad d_{23} = z_F - z_S; \\ \dot{d}_{21} = \dot{x}_F - \dot{x}_S; \quad \dot{d}_{22} = \dot{y}_F - \dot{y}_S; \quad \dot{d}_{23} = \dot{z}_F - \dot{z}_S; \\ d_2 = (x_F - x_S) \cdot \dot{x}_S + (y_F - y_S) \cdot \dot{y}_S + (z_F - z_S) \cdot \dot{z}_S; \\ \dot{d}_2 = (\dot{x}_F - \dot{x}_S) \cdot \dot{x}_S + (x_F - x_S) \cdot \ddot{x}_S + (\dot{y}_F - \dot{y}_S) \cdot \dot{y}_S + \\ \quad + (y_F - y_S) \cdot \ddot{y}_S + (\dot{z}_F - \dot{z}_S) \cdot \dot{z}_S + (z_F - z_S) \cdot \ddot{z}_S; \\ d_{31} = x_F - x_D; \quad d_{32} = y_F - y_D; \quad d_{33} = z_F - z_D; \\ \dot{d}_{31} = \dot{x}_F - \dot{x}_D; \quad \dot{d}_{32} = \dot{y}_F - \dot{y}_D; \quad \dot{d}_{33} = \dot{z}_F - \dot{z}_D; \\ d_3 = (x_F - x_D) \cdot \dot{x}_D + (y_F - y_D) \cdot \dot{y}_D + (z_F - z_D) \cdot \dot{z}_D; \\ \dot{d}_3 = (\dot{x}_F - \dot{x}_D) \cdot \dot{x}_D + (x_F - x_D) \cdot \ddot{x}_D + (\dot{y}_F - \dot{y}_D) \cdot \dot{y}_D + \\ \quad + (y_F - y_D) \cdot \ddot{y}_D + (\dot{z}_F - \dot{z}_D) \cdot \dot{z}_D + (z_F - z_D) \cdot \ddot{z}_D; \\ g_1 = \dot{d}_1 - \dot{d}_{11} \cdot \dot{x}_F - \dot{d}_{12} \cdot \dot{y}_F - \dot{d}_{13} \cdot \dot{z}_F; \\ g_2 = \dot{d}_2 - \dot{d}_{21} \cdot \dot{x}_F - \dot{d}_{22} \cdot \dot{y}_F - \dot{d}_{23} \cdot \dot{z}_F; \\ g_3 = \dot{d}_3 - \dot{d}_{31} \cdot \dot{x}_F - \dot{d}_{32} \cdot \dot{y}_F - \dot{d}_{33} \cdot \dot{z}_F \end{cases} \tag{17}$$

Sistemul (18) având coeficienţii (17), se rezolvă cu relaţiile (19).

$$\begin{cases} d_{11} \cdot \ddot{x}_F + d_{12} \cdot \ddot{y}_F + d_{13} \cdot \ddot{z}_F = g_1 \\ d_{21} \cdot \ddot{x}_F + d_{22} \cdot \ddot{y}_F + d_{23} \cdot \ddot{z}_F = g_2 \\ d_{31} \cdot \ddot{x}_F + d_{32} \cdot \ddot{y}_F + d_{33} \cdot \ddot{z}_F = g_3 \end{cases} \tag{18}$$

$$\begin{cases}
\Delta^{(g)} = \begin{vmatrix} d_{11} & d_{12} & d_{13} \\ d_{21} & d_{22} & d_{23} \\ d_{31} & d_{32} & d_{33} \end{vmatrix} = d_{11} \cdot (d_{22} \cdot d_{33} - d_{23} \cdot d_{32}) - \\
\qquad - d_{12} \cdot (d_{21} \cdot d_{33} - d_{23} \cdot d_{31}) + d_{13} \cdot (d_{21} \cdot d_{32} - d_{22} \cdot d_{31}) \\[2em]
\Delta_{xF2} = \begin{vmatrix} g_1 & d_{12} & d_{13} \\ g_2 & d_{22} & d_{23} \\ g_3 & d_{32} & d_{33} \end{vmatrix} = g_1 \cdot (d_{22} \cdot d_{33} - d_{23} \cdot d_{32}) - \\
\qquad - d_{12} \cdot (g_2 \cdot d_{33} - d_{23} \cdot g_3) + d_{13} \cdot (g_2 \cdot d_{32} - d_{22} \cdot g_3) \\[2em]
\Delta_{yF2} = \begin{vmatrix} d_{11} & g_1 & d_{13} \\ d_{21} & g_2 & d_{23} \\ d_{31} & g_3 & d_{33} \end{vmatrix} = d_{11} \cdot (g_2 \cdot d_{33} - d_{23} \cdot g_3) - \\
\qquad - g_1 \cdot (d_{21} \cdot d_{33} - d_{23} \cdot d_{31}) + d_{13} \cdot (d_{21} \cdot g_3 - g_2 \cdot d_{31}) \\[2em]
\Delta_{zF2} = \begin{vmatrix} d_{11} & d_{12} & g_1 \\ d_{21} & d_{22} & g_2 \\ d_{31} & d_{32} & g_3 \end{vmatrix} = d_{11} \cdot (d_{22} \cdot g_3 - g_2 \cdot d_{32}) - \\
\qquad - d_{12} \cdot (d_{21} \cdot g_3 - g_2 \cdot d_{31}) + g_1 \cdot (d_{21} \cdot d_{32} - d_{22} \cdot d_{31}) \\[2em]
\ddot{x}_F = \dfrac{\Delta_{xF2}}{\Delta^{(g)}}; \quad \ddot{y}_F = \dfrac{\Delta_{yF2}}{\Delta^{(g)}}; \quad \ddot{z}_F = \dfrac{\Delta_{zF2}}{\Delta^{(g)}};
\end{cases} \tag{19}$$

Se scrie acum sistemul de viteze liniare (21) obținut din sistemul de poziții (20). Sistemul (21) derivat generează sistemul de accelerații liniare (22).

$$\begin{cases} l_1^2 = (x_D - x_A)^2 + (y_D - y_A)^2 + (z_D - z_A)^2 \\ l_2^2 = (x_D - x_B)^2 + (y_D - y_B)^2 + (z_D - z_B)^2 \\ l_3^2 = (x_E - x_B)^2 + (y_E - y_B)^2 + (z_E - z_B)^2 \\ l_4^2 = (x_E - x_C)^2 + (y_E - y_C)^2 + (z_E - z_C)^2 \\ l_5^2 = (x_F - x_C)^2 + (y_F - y_C)^2 + (z_F - z_C)^2 \\ l_6^2 = (x_F - x_A)^2 + (y_F - y_A)^2 + (z_F - z_A)^2 \end{cases} \tag{20}$$

$$\begin{cases} l_1 \cdot \dot{l}_1 = (x_D - x_A) \cdot \dot{x}_D + (y_D - y_A) \cdot \dot{y}_D + (z_D - z_A) \cdot \dot{z}_D \\ l_2 \cdot \dot{l}_2 = (x_D - x_B) \cdot \dot{x}_D + (y_D - y_B) \cdot \dot{y}_D + (z_D - z_B) \cdot \dot{z}_D \\ l_3 \cdot \dot{l}_3 = (x_E - x_B) \cdot \dot{x}_E + (y_E - y_B) \cdot \dot{y}_E + (z_E - z_B) \cdot \dot{z}_E \\ l_4 \cdot \dot{l}_4 = (x_E - x_C) \cdot \dot{x}_E + (y_E - y_C) \cdot \dot{y}_E + (z_E - z_C) \cdot \dot{z}_E \\ l_5 \cdot \dot{l}_5 = (x_F - x_C) \cdot \dot{x}_F + (y_F - y_C) \cdot \dot{y}_F + (z_F - z_C) \cdot \dot{z}_F \\ l_6 \cdot \dot{l}_6 = (x_F - x_A) \cdot \dot{x}_F + (y_F - y_A) \cdot \dot{y}_F + (z_F - z_A) \cdot \dot{z}_F \end{cases} \tag{21}$$

$$\begin{cases} \dot{l}_1^2 + l_1 \cdot \ddot{l}_1 = (\dot{x}_D - \dot{x}_A) \cdot \dot{x}_D + (x_D - x_A) \cdot \ddot{x}_D + (\dot{y}_D - \dot{y}_A) \cdot \dot{y}_D + \\ \quad + (y_D - y_A) \cdot \ddot{y}_D + (\dot{z}_D - \dot{z}_A) \cdot \dot{z}_D + (z_D - z_A) \cdot \ddot{z}_D \\ \\ \dot{l}_2^2 + l_2 \cdot \ddot{l}_2 = (\dot{x}_D - \dot{x}_B) \cdot \dot{x}_D + (x_D - x_B) \cdot \ddot{x}_D + (\dot{y}_D - \dot{y}_B) \cdot \dot{y}_D + \\ \quad + (y_D - y_B) \cdot \ddot{y}_D + (\dot{z}_D - \dot{z}_B) \cdot \dot{z}_D + (z_D - z_B) \cdot \ddot{z}_D \\ \\ \dot{l}_3^2 + l_3 \cdot \ddot{l}_3 = (\dot{x}_E - \dot{x}_B) \cdot \dot{x}_E + (x_E - x_B) \cdot \ddot{x}_E + (\dot{y}_E - \dot{y}_B) \cdot \dot{y}_E + \\ \quad + (y_E - y_B) \cdot \ddot{y}_E + (\dot{z}_E - \dot{z}_B) \cdot \dot{z}_E + (z_E - z_B) \cdot \ddot{z}_E \\ \\ \dot{l}_4^2 + l_4 \cdot \ddot{l}_4 = (\dot{x}_E - \dot{x}_C) \cdot \dot{x}_E + (x_E - x_C) \cdot \ddot{x}_E + (\dot{y}_E - \dot{y}_C) \cdot \dot{y}_E + \\ \quad + (y_E - y_C) \cdot \ddot{y}_E + (\dot{z}_E - \dot{z}_C) \cdot \dot{z}_E + (z_E - z_C) \cdot \ddot{z}_E \\ \\ \dot{l}_5^2 + l_5 \cdot \ddot{l}_5 = (\dot{x}_F - \dot{x}_C) \cdot \dot{x}_F + (x_F - x_C) \cdot \ddot{x}_F + (\dot{y}_F - \dot{y}_C) \cdot \dot{y}_F + \\ \quad + (y_F - y_C) \cdot \ddot{y}_F + (\dot{z}_F - \dot{z}_C) \cdot \dot{z}_F + (z_F - z_C) \cdot \ddot{z}_F \\ \\ \dot{l}_6^2 + l_6 \cdot \ddot{l}_6 = (\dot{x}_F - \dot{x}_A) \cdot \dot{x}_F + (x_F - x_A) \cdot \ddot{x}_F + (\dot{y}_F - \dot{y}_A) \cdot \dot{y}_F + \\ \quad + (y_F - y_A) \cdot \ddot{y}_F + (\dot{z}_F - \dot{z}_A) \cdot \dot{z}_F + (z_F - z_A) \cdot \ddot{z}_F \end{cases} \tag{22}$$

Din sistemul (22) se explicitează accelerațiile liniare (23) corespunzătoare celor șase picioare mobile, care sprijină și acționează în același timp platforma superioară mobilă DEF.

$$
\begin{cases}
\ddot{l}_1 = [(\dot{x}_D - \dot{x}_A) \cdot \dot{x}_D + (x_D - x_A) \cdot \ddot{x}_D + (\dot{y}_D - \dot{y}_A) \cdot \dot{y}_D + \\
\quad + (y_D - y_A) \cdot \ddot{y}_D + (\dot{z}_D - \dot{z}_A) \cdot \dot{z}_D + (z_D - z_A) \cdot \ddot{z}_D - \dot{l}_1^2]/l_1 \\[2ex]
\ddot{l}_2 = [(\dot{x}_D - \dot{x}_B) \cdot \dot{x}_D + (x_D - x_B) \cdot \ddot{x}_D + (\dot{y}_D - \dot{y}_B) \cdot \dot{y}_D + \\
\quad + (y_D - y_B) \cdot \ddot{y}_D + (\dot{z}_D - \dot{z}_B) \cdot \dot{z}_D + (z_D - z_B) \cdot \ddot{z}_D - \dot{l}_2^2]/l_2 \\[2ex]
\ddot{l}_3 = [(\dot{x}_E - \dot{x}_B) \cdot \dot{x}_E + (x_E - x_B) \cdot \ddot{x}_E + (\dot{y}_E - \dot{y}_B) \cdot \dot{y}_E + \\
\quad + (y_E - y_B) \cdot \ddot{y}_E + (\dot{z}_E - \dot{z}_B) \cdot \dot{z}_E + (z_E - z_B) \cdot \ddot{z}_E - \dot{l}_3^2]/l_3 \\[2ex]
\ddot{l}_4 = [(\dot{x}_E - \dot{x}_C) \cdot \dot{x}_E + (x_E - x_C) \cdot \ddot{x}_E + (\dot{y}_E - \dot{y}_C) \cdot \dot{y}_E + \\
\quad + (y_E - y_C) \cdot \ddot{y}_E + (\dot{z}_E - \dot{z}_C) \cdot \dot{z}_E + (z_E - z_C) \cdot \ddot{z}_E - \dot{l}_4^2]/l_4 \\[2ex]
\ddot{l}_5 = [(\dot{x}_F - \dot{x}_C) \cdot \dot{x}_F + (x_F - x_C) \cdot \ddot{x}_F + (\dot{y}_F - \dot{y}_C) \cdot \dot{y}_F + \\
\quad + (y_F - y_C) \cdot \ddot{y}_F + (\dot{z}_F - \dot{z}_C) \cdot \dot{z}_F + (z_F - z_C) \cdot \ddot{z}_F - \dot{l}_5^2]/l_5 \\[2ex]
\ddot{l}_6 = [(\dot{x}_F - \dot{x}_A) \cdot \dot{x}_F + (x_F - x_A) \cdot \ddot{x}_F + (\dot{y}_F - \dot{y}_A) \cdot \dot{y}_F + \\
\quad + (y_F - y_A) \cdot \ddot{y}_F + (\dot{z}_F - \dot{z}_A) \cdot \dot{z}_F + (z_F - z_A) \cdot \ddot{z}_F - \dot{l}_6^2]/l_6
\end{cases}
\tag{23}
$$

Cap 13_Sistemele mecanice mobile paralele. Elemente de dinamica mecanismului - determinarea energiei cinetice.

Cinematica platoului mobil printr-o metodă matricială de rotaţie.

În figura 1 se prezintă vectorii unitate (versori) direcţionaţi de-a lungul elementelor 1 respectiv 2, de la bază spre platforma mobilă. Coordonatele vectorilor unitate (versorilor) aparţinând moto-elementelor 1-6 (de lungime variabilă) sunt date de sistemul (1).

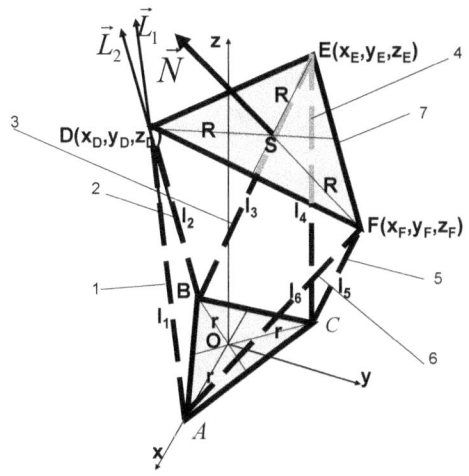

Fig. 1. Geometria, cinematica şi dinamica unei platforme Stewart

$$\begin{cases} \alpha_1 = \dfrac{x_D - x_A}{l_1}; \quad \beta_1 = \dfrac{y_D - y_A}{l_1}; \quad \gamma_1 = \dfrac{z_D - z_A}{l_1}; \\[2mm] \alpha_2 = \dfrac{x_D - x_B}{l_2}; \quad \beta_2 = \dfrac{y_D - y_B}{l_2}; \quad \gamma_2 = \dfrac{z_D - z_B}{l_2}; \\[2mm] \alpha_3 = \dfrac{x_E - x_B}{l_3}; \quad \beta_3 = \dfrac{y_E - y_B}{l_3}; \quad \gamma_3 = \dfrac{z_E - z_B}{l_3}; \\[2mm] \alpha_4 = \dfrac{x_E - x_C}{l_4}; \quad \beta_4 = \dfrac{y_E - y_C}{l_4}; \quad \gamma_4 = \dfrac{z_E - z_C}{l_4}; \\[2mm] \alpha_5 = \dfrac{x_F - x_C}{l_5}; \quad \beta_5 = \dfrac{y_F - y_C}{l_5}; \quad \gamma_5 = \dfrac{z_F - z_C}{l_5}; \\[2mm] \alpha_6 = \dfrac{x_F - x_A}{l_6}; \quad \beta_6 = \dfrac{y_F - y_A}{l_6}; \quad \gamma_6 = \dfrac{z_F - z_A}{l_6}; \end{cases} \tag{1}$$

Unde lungimile acestor versori ($\overline{L}_1 - \overline{L}_6$) sunt date de sistemul (2), iar lungimile efective ale celor şase motoelemente (variabile) se exprimă prin sistemul (3).

$$\begin{cases} \overline{L}_1 = \alpha_1 \cdot \overline{i} + \beta_1 \cdot \overline{j} + \gamma_1 \cdot \overline{k}; \quad \overline{L}_2 = \alpha_2 \cdot \overline{i} + \beta_2 \cdot \overline{j} + \gamma_2 \cdot \overline{k}; \\ \overline{L}_3 = \alpha_3 \cdot \overline{i} + \beta_3 \cdot \overline{j} + \gamma_3 \cdot \overline{k}; \quad \overline{L}_4 = \alpha_4 \cdot \overline{i} + \beta_4 \cdot \overline{j} + \gamma_4 \cdot \overline{k}; \\ \overline{L}_5 = \alpha_5 \cdot \overline{i} + \beta_5 \cdot \overline{j} + \gamma_5 \cdot \overline{k}; \quad \overline{L}_6 = \alpha_6 \cdot \overline{i} + \beta_6 \cdot \overline{j} + \gamma_6 \cdot \overline{k} \end{cases} \quad (2)$$

$$\begin{cases} \overline{l}_1 = l_1 \cdot \overline{L}_1 = \alpha_1 \cdot l_1 \cdot \overline{i} + \beta_1 \cdot l_1 \cdot \overline{j} + \gamma_1 \cdot l_1 \cdot \overline{k}; \\ \overline{l}_2 = l_2 \cdot \overline{L}_2 = \alpha_2 \cdot l_2 \cdot \overline{i} + \beta_2 \cdot l_2 \cdot \overline{j} + \gamma_2 \cdot l_2 \cdot \overline{k}; \\ \overline{l}_3 = l_3 \cdot \overline{L}_3 = \alpha_3 \cdot l_3 \cdot \overline{i} + \beta_3 \cdot l_3 \cdot \overline{j} + \gamma_3 \cdot l_3 \cdot \overline{k}; \\ \overline{l}_4 = l_4 \cdot \overline{L}_4 = \alpha_4 \cdot l_4 \cdot \overline{i} + \beta_4 \cdot l_4 \cdot \overline{j} + \gamma_4 \cdot l_4 \cdot \overline{k}; \\ \overline{l}_5 = l_5 \cdot \overline{L}_5 = \alpha_5 \cdot l_5 \cdot \overline{i} + \beta_5 \cdot l_5 \cdot \overline{j} + \gamma_5 \cdot l_5 \cdot \overline{k}; \\ \overline{l}_6 = l_6 \cdot \overline{L}_6 = \alpha_6 \cdot l_6 \cdot \overline{i} + \beta_6 \cdot l_6 \cdot \overline{j} + \gamma_6 \cdot l_6 \cdot \overline{k} \end{cases} \quad (3)$$

În figura 2 este reprezentat un motoelement (motoelementul 1) într-o poziţie instantanee. Dacă structural un motoelement e constituit din două elemente mobile care translatează relativ, cinematic şi mai ales dinamic este mai convenabil să reprezentăm motoelementul ca fiind un singur element mobil. Avem astfel şapte elemente mobile (cele şase motoelemente sau picioare la care se adaugă platforma mobilă 7) şi unul fix.

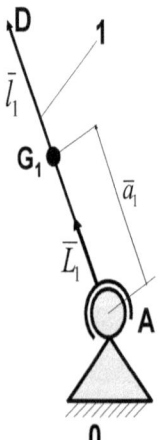

Pentru tija 1, se scriu relaţiile (4-7). Lungimea l_1 este variabilă; la fel şi distanţa a_1 care defineşte poziţia centrului de greutate G_1 (dealtfel chiar centrul de greutate G_1 se modifică permanent, chiar dacă masa tijei formată practic din două elemente cinematice aflate în mişcare relativă de translaţie este practic constantă).

$$\begin{cases} \alpha_1 \cdot l_1 = x_D - x_A; \quad \dot{\alpha}_1 \cdot l_1 + \alpha_1 \cdot \dot{l}_1 = \dot{x}_D; \quad \dot{\alpha}_1 = \dfrac{\dot{x}_D - \alpha_1 \cdot \dot{l}_1}{l_1}; \\ \beta_1 \cdot l_1 = y_D - y_A; \quad \dot{\beta}_1 \cdot l_1 + \beta_1 \cdot \dot{l}_1 = \dot{y}_D; \quad \dot{\beta}_1 = \dfrac{\dot{y}_D - \beta_1 \cdot \dot{l}_1}{l_1}; \\ \gamma_1 \cdot l_1 = z_D - z_A; \quad \dot{\gamma}_1 \cdot l_1 + \gamma_1 \cdot \dot{l}_1 = \dot{z}_D; \quad \dot{\gamma}_1 = \dfrac{\dot{z}_D - \gamma_1 \cdot \dot{l}_1}{l_1} \end{cases} \quad (4)$$

Fig. 2. Motoelementul 1

$$\begin{cases} x_D = x_A + \alpha_1 \cdot l_1; \quad y_D = y_A + \beta_1 \cdot l_1; \quad z_D = z_A + \gamma_1 \cdot l_1; \\ x_{G_1} = x_A + \alpha_1 \cdot a_1; \quad y_{G_1} = y_A + \beta_1 \cdot a_1; \quad z_{G_1} = z_A + \gamma_1 \cdot a_1 \end{cases} \quad (5)$$

$$\begin{cases} x_{G_1} = \dfrac{a_1 \cdot x_D + (l_1 - a_1) \cdot x_A}{l_1}; \\[2mm] y_{G_1} = \dfrac{a_1 \cdot y_D + (l_1 - a_1) \cdot y_A}{l_1}; \\[2mm] z_{G_1} = \dfrac{a_1 \cdot z_D + (l_1 - a_1) \cdot z_A}{l_1} \end{cases} \quad (6)$$

$$\begin{cases} l_1 \cdot x_{G_1} = a_1 \cdot x_D + (l_1 - a_1) \cdot x_A; \dot{l}_1 \cdot x_{G_1} + l_1 \cdot \dot{x}_{G_1} = \\ = \dot{a}_1 \cdot x_D + a_1 \cdot \dot{x}_D + (\dot{l}_1 - \dot{a}_1) \cdot x_A; \\[2mm] \dot{x}_{G_1} = \dfrac{\dot{a}_1 \cdot x_D + a_1 \cdot \dot{x}_D - \dot{l}_1 \cdot x_{G_1} + (\dot{l}_1 - \dot{a}_1) \cdot x_A}{l_1}; \\[2mm] \dot{y}_{G_1} = \dfrac{\dot{a}_1 \cdot y_D + a_1 \cdot \dot{y}_D - \dot{l}_1 \cdot y_{G_1} + (\dot{l}_1 - \dot{a}_1) \cdot y_A}{l_1}; \\[2mm] \dot{z}_{G_1} = \dfrac{\dot{a}_1 \cdot z_D + a_1 \cdot \dot{z}_D - \dot{l}_1 \cdot z_{G_1} + (\dot{l}_1 - \dot{a}_1) \cdot z_A}{l_1} \end{cases} \quad (7)$$

Energia cinetică a mecanismului (8) se scrie ţinând cont de faptul că translaţia centrului de greutate al fiecărui motoelement conţine deja şi efectul diferitelor rotaţii. Fiecare motoelement (tijă) va fi studiat ca un singur element cinematic de lungime variabilă, cu masă constantă şi cu poziţia centrului de greutate variabilă. Mişcarea fiecărui motoelement este una de rotaţie spaţială.

$$\begin{cases} E_c = \dfrac{m_1}{2} \cdot \left(\dot{x}_{G_1}^2 + \dot{y}_{G_1}^2 + \dot{z}_{G_1}^2 \right) + \dfrac{m_2}{2} \cdot \left(\dot{x}_{G_2}^2 + \dot{y}_{G_2}^2 + \dot{z}_{G_2}^2 \right) + \dfrac{m_3}{2} \cdot \left(\dot{x}_{G_3}^2 + \dot{y}_{G_3}^2 + \dot{z}_{G_3}^2 \right) + \\[2mm] + \dfrac{m_4}{2} \cdot \left(\dot{x}_{G_4}^2 + \dot{y}_{G_4}^2 + \dot{z}_{G_4}^2 \right) + \dfrac{m_5}{2} \cdot \left(\dot{x}_{G_5}^2 + \dot{y}_{G_5}^2 + \dot{z}_{G_5}^2 \right) + \dfrac{m_6}{2} \cdot \left(\dot{x}_{G_6}^2 + \dot{y}_{G_6}^2 + \dot{z}_{G_6}^2 \right) + \\[2mm] + \dfrac{m_7}{2} \cdot \left(\dot{x}_S^2 + \dot{y}_S^2 + \dot{z}_S^2 \right) + \dfrac{J_{7SN}}{2} \cdot \omega_{7SN}^2 \end{cases} \quad (8)$$

După modelul sistemului (7) se determină vitezele centrelor de greutate ale celor şase tije (vezi ecuaţiile 9). Vitezele $\dot{x}_S$, $\dot{y}_S$, $\dot{z}_S$, ω_{7SN} sunt cunoscute. Masele se cântăresc, iar momentul masic (inerţial) după axa N se calculează cu o formulă aproximativă (10).

$$
\begin{cases}
\dot{x}_{G_1} = \dfrac{\dot{a}_1 \cdot (x_D - x_A) + a_1 \cdot \dot{x}_D + \dot{l}_1 \cdot (x_A - x_{G_1})}{l_1}; \dot{y}_{G_1} = \dfrac{\dot{a}_1 \cdot (y_D - y_A) + a_1 \cdot \dot{y}_D + \dot{l}_1 \cdot (y_A - y_{G_1})}{l_1}; \\[2mm]
\dot{z}_{G_1} = \dfrac{\dot{a}_1 \cdot (z_D - z_A) + a_1 \cdot \dot{z}_D + \dot{l}_1 \cdot (z_A - z_{G_1})}{l_1}; \dot{x}_{G_2} = \dfrac{\dot{a}_2 \cdot (x_D - x_B) + a_2 \cdot \dot{x}_D + \dot{l}_2 \cdot (x_B - x_{G_2})}{l_2} \\[2mm]
\dot{y}_{G_2} = \dfrac{\dot{a}_2 \cdot (y_D - y_B) + a_2 \cdot \dot{y}_D + \dot{l}_2 \cdot (y_B - y_{G_2})}{l_2}; \dot{z}_{G_2} = \dfrac{\dot{a}_2 \cdot (z_D - z_B) + a_2 \cdot \dot{z}_D + \dot{l}_2 \cdot (z_B - z_{G_2})}{l_2}; \\[2mm]
\dot{x}_{G_3} = \dfrac{\dot{a}_3 \cdot (x_E - x_B) + a_3 \cdot \dot{x}_E + \dot{l}_3 \cdot (x_B - x_{G_3})}{l_3}; \dot{y}_{G_3} = \dfrac{\dot{a}_3 \cdot (y_E - y_B) + a_3 \cdot \dot{y}_E + \dot{l}_3 \cdot (y_B - y_{G_3})}{l_3}; \\[2mm]
\dot{z}_{G_3} = \dfrac{\dot{a}_3 \cdot (z_E - z_B) + a_3 \cdot \dot{z}_E + \dot{l}_3 \cdot (z_B - z_{G_3})}{l_3}; \dot{x}_{G_4} = \dfrac{\dot{a}_4 \cdot (x_E - x_C) + a_4 \cdot \dot{x}_E + \dot{l}_4 \cdot (x_C - x_{G_4})}{l_4}; \\[2mm]
\dot{y}_{G_4} = \dfrac{\dot{a}_4 \cdot (y_E - y_C) + a_4 \cdot \dot{y}_E + \dot{l}_4 \cdot (y_C - y_{G_4})}{l_4}; \dot{z}_{G_4} = \dfrac{\dot{a}_4 \cdot (z_E - z_C) + a_4 \cdot \dot{z}_E + \dot{l}_4 \cdot (z_C - z_{G_4})}{l_4}; \\[2mm]
\dot{x}_{G_5} = \dfrac{\dot{a}_5 \cdot (x_F - x_C) + a_5 \cdot \dot{x}_F + \dot{l}_5 \cdot (x_C - x_{G_5})}{l_5}; \dot{y}_{G_5} = \dfrac{\dot{a}_5 \cdot (y_F - y_C) + a_5 \cdot \dot{y}_F + \dot{l}_5 \cdot (y_C - y_{G_5})}{l_5}; \\[2mm]
\dot{z}_{G_5} = \dfrac{\dot{a}_5 \cdot (z_F - z_C) + a_5 \cdot \dot{z}_F + \dot{l}_5 \cdot (z_C - z_{G_5})}{l_5}; \dot{x}_{G_6} = \dfrac{\dot{a}_6 \cdot (x_F - x_A) + a_6 \cdot \dot{x}_F + \dot{l}_6 \cdot (x_A - x_{G_6})}{l_6}; \\[2mm]
\dot{y}_{G_6} = \dfrac{\dot{a}_6 \cdot (y_F - y_A) + a_6 \cdot \dot{y}_F + \dot{l}_6 \cdot (y_A - y_{G_6})}{l_6}; \dot{z}_{G_6} = \dfrac{\dot{a}_6 \cdot (z_F - z_A) + a_6 \cdot \dot{z}_F + \dot{l}_6 \cdot (z_A - z_{G_6})}{l_6}
\end{cases} \tag{9}
$$

$$
J_{7SN} = \frac{\dfrac{1}{2} m_p \cdot R_T^2 + \dfrac{1}{2} m_p \cdot r_T^2}{2} = \frac{m_p}{4} \cdot \left(R_T^2 + r_T^2\right) = \frac{m_p}{4} \cdot \left[R_T^2 + \left(\frac{1}{2} R_T\right)^2 \right] = \tag{10}
$$

$$
= \frac{m_p}{4} \cdot R_T^2 \cdot \left(1 + \frac{1}{4}\right) = \frac{5}{16} \cdot m_p \cdot R_T^2 = \frac{5}{16} \cdot m_p \cdot R^2
$$

Unde m_p reprezintă masa platoului mobil 7 (obţinută prin cântărire).

GEOMETRIA ŞI CINEMATICA PLATOULUI MOBIL 7, PRINTR-O METODĂ DE ROTAŢIE MATRICIALĂ

În figura 3 este reprezentat platoul mobil 7, format dintr-un triunghi echilateral DEF cu centrul S. Acestui triunghi îi ataşăm un sistem de axe rectangular, mobil, solidar cu platforma, $x_1 S y_1 z_1$.

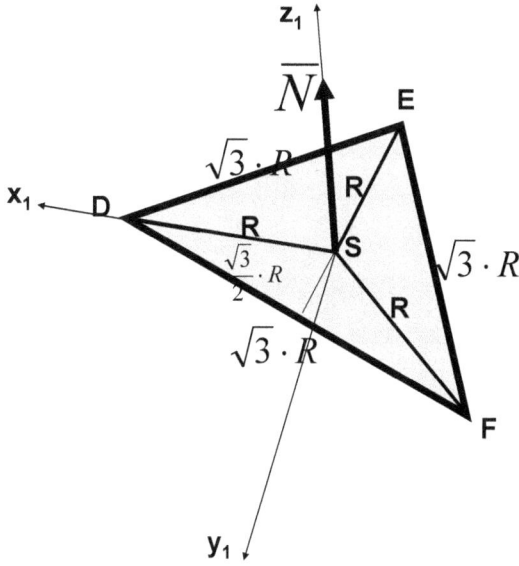

Fig. 3. Geometria și cinematica platformei mobile 7

Se cunosc coordonatele vectorului $\overline{N}$ și coordonatele punctului S (în raport cu reperul fix considerat inițial, legat de platforma fixă, considerată bază); cunoaștem deci coordonatele rectangulare ale axei Sz_1, astfel încât se pot calcula pentru început coordonatele axei Sx_1 (relațiile 11), axă determinată de punctele S, D (cunoscute). Se obțin coordonatele vectorului Sx_1. Acestea împreună cu coordonatele punctului S determină axa Sx_1 (11).

$$
\begin{cases}
l_{SD} = \sqrt{(x_D - x_S)^2 + (y_D - y_S)^2 + (z_D - z_S)^2} = \\
= \sqrt{R^2} = R \\
\alpha_{x_1} = \dfrac{x_D - x_S}{l_{SD}} = \dfrac{x_D - x_S}{R} ; \\
\beta_{x_1} = \dfrac{y_D - y_S}{l_{SD}} = \dfrac{y_D - y_S}{R} ; \\
\gamma_{x_1} = \dfrac{z_D - z_S}{l_{SD}} = \dfrac{z_D - z_S}{R}
\end{cases}
\tag{11}
$$

Înşurubând axa $\overrightarrow{Sz_1}$ către (peste) axa $\overrightarrow{Sx_1}$ generăm axa $\overrightarrow{Sy_1}$ (12). Se obţin astfel coordonatele sistemului mobil $x_1Sy_1z_1$ (12).

$$\begin{cases} \overrightarrow{Sy_1} = \overrightarrow{Sz_1} \times \overrightarrow{Sx_1} = \begin{vmatrix} \bar{i} & \bar{j} & \bar{k} \\ \alpha & \beta & \gamma \\ \alpha_{x_1} & \beta_{x_1} & \gamma_{x_1} \end{vmatrix} = \\[4pt] = \left(\beta \cdot \gamma_{x_1} - \beta_{x_1} \cdot \gamma\right) \cdot \bar{i} + \left(\alpha_{x_1} \cdot \gamma - \alpha \cdot \gamma_{x_1}\right) \cdot \bar{j} + \left(\alpha \cdot \beta_{x_1} - \alpha_{x_1} \cdot \beta\right) \cdot \bar{k} = \\[4pt] = \dfrac{\beta \cdot (z_D - z_S) - \gamma \cdot (y_D - y_S)}{R} \cdot \bar{i} + \dfrac{\gamma \cdot (x_D - x_S) - \alpha \cdot (z_D - z_S)}{R} \cdot \bar{j} + \\[4pt] + \dfrac{\alpha \cdot (y_D - y_S) - \beta \cdot (x_D - x_S)}{R} \cdot \bar{k} = \alpha_{y_1} \cdot \bar{i} + \beta_{y_1} \cdot \bar{j} + \gamma_{y_1} \cdot \bar{k}; \\[4pt] \alpha_{y_1} = \dfrac{\beta \cdot (z_D - z_S) - \gamma \cdot (y_D - y_S)}{R}; \\[4pt] \beta_{y_1} = \dfrac{\gamma \cdot (x_D - x_S) - \alpha \cdot (z_D - z_S)}{R}; \quad \Rightarrow [x_1 Sy_1 z_1] = \begin{vmatrix} \alpha_{x_1} & \beta_{x_1} & \gamma_{x_1} \\ \alpha_{y_1} & \beta_{y_1} & \gamma_{y_1} \\ \alpha & \beta & \gamma \end{vmatrix} \\[4pt] \gamma_{y_1} = \dfrac{\alpha \cdot (y_D - y_S) - \beta \cdot (x_D - x_S)}{R}; \\[4pt] \alpha_{x_1} = \dfrac{x_D - x_S}{R}; \ \alpha_{y_1} = \dfrac{\beta \cdot (z_D - z_S) - \gamma \cdot (y_D - y_S)}{R}; \ \alpha_{z_1} = \alpha; \\[4pt] \beta_{x_1} = \dfrac{y_D - y_S}{R}; \ \beta_{y_1} = \dfrac{\gamma \cdot (x_D - x_S) - \alpha \cdot (z_D - z_S)}{R}; \ \beta_{z_1} = \beta; \\[4pt] \gamma_{x_1} = \dfrac{z_D - z_S}{R}; \ \gamma_{y_1} = \dfrac{\alpha \cdot (y_D - y_S) - \beta \cdot (x_D - x_S)}{R}; \ \gamma_{z_1} = \gamma \end{cases}$$

(12)

În figura 4 se dă o rotaţie pozitivă axei $\overrightarrow{Sx_1}$ în jurul axei $\overrightarrow{Sz_1}$ ($\overline{N}$), de unghi φ_1.

Utilizând relaţiile ajutătoare (13) se scrie sistemul matricial (14), prin care se determină direct (cu ajutorul rotaţiei matriciale) coordonatele absolute (în reperul cartezian fix) ale unui punct D^1 ce face parte din planul mobil al platoului superior. Acest punct se mişcă pe cercul de rază R şi centru S conform rotaţiei impuse de unghiul de rotaţie φ_1. Coordonatele finale se explicitează sub forma (15).

$$\begin{cases} \alpha_{x_1} = \dfrac{x_D - x_S}{R}; \quad \alpha_{y_1} = \dfrac{\beta \cdot (z_D - z_S) - \gamma \cdot (y_D - y_S)}{R}; \quad \alpha_{z_1} = \alpha; \quad x_{1D^1} = R \cdot \cos\varphi_1 \\[2mm] \beta_{x_1} = \dfrac{y_D - y_S}{R}; \quad \beta_{y_1} = \dfrac{\gamma \cdot (x_D - x_S) - \alpha \cdot (z_D - z_S)}{R}; \quad \beta_{z_1} = \beta; \quad y_{1D^1} = R \cdot \sin\varphi_1 \\[2mm] \gamma_{x_1} = \dfrac{z_D - z_S}{R}; \quad \gamma_{y_1} = \dfrac{\alpha \cdot (y_D - y_S) - \beta \cdot (x_D - x_S)}{R}; \quad \gamma_{z_1} = \gamma; \quad z_{1D^1} = 0 \end{cases} \quad (13)$$

$$\begin{cases} \begin{bmatrix} x_{D^1} \\ y_{D^1} \\ z_{D^1} \end{bmatrix} = \begin{bmatrix} x_S \\ y_S \\ z_S \end{bmatrix} + \begin{vmatrix} \alpha_{x_1} & \beta_{x_1} & \gamma_{x_1} \\ \alpha_{y_1} & \beta_{y_1} & \gamma_{y_1} \\ \alpha_{z_1} & \beta_{z_1} & \gamma_{z_1} \end{vmatrix} \cdot \begin{bmatrix} x_{1D^1} \\ y_{1D^1} \\ z_{1D^1} \end{bmatrix} = \begin{bmatrix} x_S + \alpha_{x_1} \cdot x_{1D^1} + \beta_{x_1} \cdot y_{1D^1} + \gamma_{x_1} \cdot z_{1D^1} \\ y_S + \alpha_{y_1} \cdot x_{1D^1} + \beta_{y_1} \cdot y_{1D^1} + \gamma_{y_1} \cdot z_{1D^1} \\ z_S + \alpha_{z_1} \cdot x_{1D^1} + \beta_{z_1} \cdot y_{1D^1} + \gamma_{z_1} \cdot z_{1D^1} \end{bmatrix} = \quad (14) \\[4mm] = \begin{bmatrix} x_S + (x_D - x_S) \cdot \cos\varphi_1 + (y_D - y_S) \cdot \sin\varphi_1 \\ y_S + [\beta \cdot (z_D - z_S) - \gamma \cdot (y_D - y_S)] \cdot \cos\varphi_1 + [\gamma \cdot (x_D - x_S) - \alpha \cdot (z_D - z_S)] \cdot \sin\varphi_1 \\ z_S + \alpha \cdot R \cdot \cos\varphi_1 + \beta \cdot R \cdot \sin\varphi_1 \end{bmatrix} \end{cases}$$

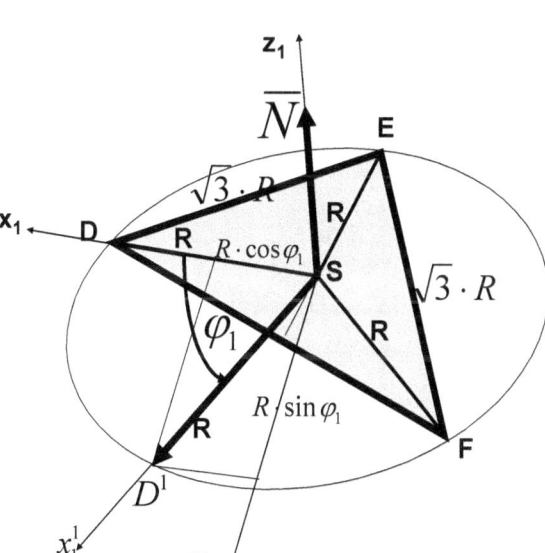

Fig. 4. Rotația în jurul axei N (în cadrul platformei mobile)

$$\begin{cases} x_{D^1} = x_S + (x_D - x_S) \cdot \cos\varphi_1 + (y_D - y_S) \cdot \sin\varphi_1 \\ y_{D^1} = y_S + [\beta \cdot (z_D - z_S) - \gamma \cdot (y_D - y_S)] \cos\varphi_1 + [\gamma \cdot (x_D - x_S) - \alpha \cdot (z_D - z_S)] \sin\varphi_1 \\ z_{D^1} = z_S + \alpha \cdot R \cdot \cos\varphi_1 + \beta \cdot R \cdot \sin\varphi_1 \end{cases} \quad (15)$$

Se utilizează metoda rotaţiei matriciale pentru deducerea punctului F (pentru deducerea coordonatelor punctului F). Punctul D se suprapune peste punctul F dacă îi atribuim punctului D o rotaţie pozitivă de 120^0 (16-17). Derivăm sistemul (17) şi obţinem direct vitezele (18) şi acceleraţiile (19) punctului F.

$$\begin{cases} x_F = x_{D^1_{120}} = x_S + (x_D - x_S) \cdot \cos 120 + (y_D - y_S) \cdot \sin 120 \\ y_F = y_{D^1_{120}} = y_S + [\beta \cdot (z_D - z_S) - \gamma \cdot (y_D - y_S)] \cdot \cos 120 + \\ + [\gamma \cdot (x_D - x_S) - \alpha \cdot (z_D - z_S)] \cdot \sin 120 \\ z_F = z_{D^1_{120}} = z_S + \alpha \cdot R \cdot \cos 120 + \beta \cdot R \cdot \sin 120 \end{cases} \quad (16)$$

$$\begin{cases} x_F = x_S - \dfrac{1}{2} \cdot (x_D - x_S) + \dfrac{\sqrt{3}}{2} \cdot (y_D - y_S) \\ y_F = y_S - \dfrac{1}{2} \cdot [\beta \cdot (z_D - z_S) - \gamma \cdot (y_D - y_S)] + \\ + \dfrac{\sqrt{3}}{2} \cdot [\gamma \cdot (x_D - x_S) - \alpha \cdot (z_D - z_S)] \\ z_F = z_S - \dfrac{1}{2} \cdot R \cdot \alpha + \dfrac{\sqrt{3}}{2} \cdot R \cdot \beta \end{cases} \quad (17)$$

$$\begin{cases} \dot{x}_F = \dot{x}_S - \dfrac{1}{2} \cdot (\dot{x}_D - \dot{x}_S) + \dfrac{\sqrt{3}}{2} \cdot (\dot{y}_D - \dot{y}_S) \\ \dot{y}_F = \dot{y}_S - \dfrac{1}{2} \cdot [\dot{\beta} \cdot (z_D - z_S) + \beta \cdot (\dot{z}_D - \dot{z}_S) - \dot{\gamma} \cdot (y_D - y_S) - \gamma \cdot (\dot{y}_D - \dot{y}_S)] + \\ + \dfrac{\sqrt{3}}{2} \cdot [\dot{\gamma} \cdot (x_D - x_S) + \gamma \cdot (\dot{x}_D - \dot{x}_S) - \dot{\alpha} \cdot (z_D - z_S) - \alpha \cdot (\dot{z}_D - \dot{z}_S)] \\ \dot{z}_F = \dot{z}_S - \dfrac{1}{2} \cdot R \cdot \dot{\alpha} + \dfrac{\sqrt{3}}{2} \cdot R \cdot \dot{\beta} \end{cases} \quad (18)$$

$$\begin{cases} \ddot{x}_F = \ddot{x}_S - \dfrac{1}{2} \cdot (\ddot{x}_D - \ddot{x}_S) + \dfrac{\sqrt{3}}{2} \cdot (\ddot{y}_D - \ddot{y}_S) \\ \ddot{y}_F = \ddot{y}_S - \dfrac{1}{2} \cdot [\ddot{\beta} \cdot (z_D - z_S) + 2 \cdot \dot{\beta} \cdot (\dot{z}_D - \dot{z}_S) + \beta \cdot (\ddot{z}_D - \ddot{z}_S) - \\ - \ddot{\gamma} \cdot (y_D - y_S) - 2 \cdot \dot{\gamma} \cdot (\dot{y}_D - \dot{y}_S) - \gamma \cdot (\ddot{y}_D - \ddot{y}_S)] + \dfrac{\sqrt{3}}{2} \cdot [\ddot{\gamma} \cdot (x_D - x_S) + \\ + 2 \cdot \dot{\gamma} \cdot (\dot{x}_D - \dot{x}_S) + \gamma \cdot (\ddot{x}_D - \ddot{x}_S) - \ddot{\alpha} \cdot (z_D - z_S) - 2 \cdot \dot{\alpha} \cdot (\dot{z}_D - \dot{z}_S) - \alpha \cdot (\ddot{z}_D - \ddot{z}_S)] \\ \ddot{z}_F = \ddot{z}_S - \dfrac{1}{2} \cdot R \cdot \ddot{\alpha} + \dfrac{\sqrt{3}}{2} \cdot R \cdot \ddot{\beta} \end{cases} \quad (19)$$

Pentru determinarea coordonatelor punctului E rotim punctul D cu $\varphi_1 = -120^0$ (20). Vitezele (21) și accelerațiile (22) punctului E se determină prin derivarea sistemului (20).

$$
\begin{cases}
x_E = x_S - \dfrac{1}{2} \cdot (x_D - x_S) - \dfrac{\sqrt{3}}{2} \cdot (y_D - y_S) \\[2mm]
y_E = y_S - \dfrac{1}{2} \cdot [\beta \cdot (z_D - z_S) - \gamma \cdot (y_D - y_S)] - \dfrac{\sqrt{3}}{2} \cdot [\gamma \cdot (x_D - x_S) - \alpha \cdot (z_D - z_S)] \\[2mm]
z_E = z_S - \dfrac{1}{2} \cdot R \cdot \alpha - \dfrac{\sqrt{3}}{2} \cdot R \cdot \beta
\end{cases} \quad (20)
$$

$$
\begin{cases}
\dot{x}_E = \dot{x}_S - \dfrac{1}{2} \cdot (\dot{x}_D - \dot{x}_S) - \dfrac{\sqrt{3}}{2} \cdot (\dot{y}_D - \dot{y}_S) \\[2mm]
\dot{y}_E = \dot{y}_S - \dfrac{1}{2} \cdot [\dot{\beta} \cdot (z_D - z_S) + \beta \cdot (\dot{z}_D - \dot{z}_S) - \dot{\gamma} \cdot (y_D - y_S) - \gamma \cdot (\dot{y}_D - \dot{y}_S)] - \\[2mm]
\quad - \dfrac{\sqrt{3}}{2} \cdot [\dot{\gamma} \cdot (x_D - x_S) + \gamma \cdot (\dot{x}_D - \dot{x}_S) - \dot{\alpha} \cdot (z_D - z_S) - \alpha \cdot (\dot{z}_D - \dot{z}_S)] \\[2mm]
\dot{z}_E = \dot{z}_S - \dfrac{1}{2} \cdot R \cdot \dot{\alpha} - \dfrac{\sqrt{3}}{2} \cdot R \cdot \dot{\beta}
\end{cases} \quad (21)
$$

$$
\begin{cases}
\ddot{x}_E = \ddot{x}_S - \dfrac{1}{2} \cdot (\ddot{x}_D - \ddot{x}_S) - \dfrac{\sqrt{3}}{2} \cdot (\ddot{y}_D - \ddot{y}_S) \\[2mm]
\ddot{y}_E = \ddot{y}_S - \dfrac{1}{2} \cdot [\ddot{\beta} \cdot (z_D - z_S) + 2 \cdot \dot{\beta} \cdot (\dot{z}_D - \dot{z}_S) + \beta \cdot (\ddot{z}_D - \ddot{z}_S) - \\[2mm]
\quad - \ddot{\gamma} \cdot (y_D - y_S) - 2 \cdot \dot{\gamma} \cdot (\dot{y}_D - \dot{y}_S) - \gamma \cdot (\ddot{y}_D - \ddot{y}_S)] - \dfrac{\sqrt{3}}{2} \cdot [\ddot{\gamma} \cdot (x_D - x_S) + \\[2mm]
\quad + 2 \cdot \dot{\gamma} \cdot (\dot{x}_D - \dot{x}_S) + \gamma \cdot (\ddot{x}_D - \ddot{x}_S) - \ddot{\alpha} \cdot (z_D - z_S) - 2 \cdot \dot{\alpha} \cdot (\dot{z}_D - \dot{z}_S) - \alpha \cdot (\ddot{z}_D - \ddot{z}_S)] \\[2mm]
\ddot{z}_E = \ddot{z}_S - \dfrac{1}{2} \cdot R \cdot \ddot{\alpha} - \dfrac{\sqrt{3}}{2} \cdot R \cdot \ddot{\beta}
\end{cases} \quad (22)
$$

Evident, metoda rotației este mult mai simplă, mai rapidă și mai directă, decât metoda geometrică (sau alte metode).

Cap 14_Sistemele mecanice mobile paralele. Structura.

În figura 1 se prezintă schema cinematică a unui sistem mecanic mobil paralel, având toate cele 12 cuple cinematice (care leagă cele șase picioare motoare de cele două platforme, fixă și mobilă) de tip articulații sferice (cuple sferă în sferă, care permit toate rotațiile posibile și nu dau voie să se producă nici o translație), practic cuple de clasa a treia (C_3). Cuplele cinematice motoare (șase la număr) pot fi construite în două variante: C_5 sau C_4.

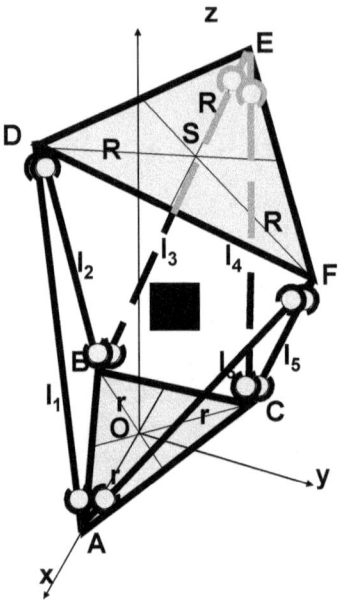

Fig. 1. Articulațiile dintre picioare și platforme în mod normal trebuie să fie toate numai cuple cinematice sferă în sferă, adică cuple cinematice de clasa a treia (C_3)

Cuplele sferă în sferă (articulațiile sferice) permit rotațiile în spațiu pe toate cele trei axe, și opresc toate translațiile. Ele sunt mai dificil de realizat din punct de vedere tehnologic, sunt ceva mai scumpe și în general au viața mai scurtă, uzura lor fiind destul de rapidă (chiar dacă suprafața de contact de tip sferă pe sferă este mare). Au însă marele avantaj al unui gabarit redus (masă și volum reduse), (a se vedea figura 2). Viața lor poate fi prelungită printr-o proiectare optimă, printr-o prelucrare minuțioasă, printr-o ungere corespunzătoare, etc. Articulațiile sferice sunt utilizate în industria constructoare de mașini, în special în cea a automobilelor. Ele sunt întâlnite la sistemele de prindere a roților (pivoții basculelor), la articulațiile sistemului de direcție, la oglinzile retrovizoare, la unele schimbătoare de viteze în sistemul de acționare, etc.

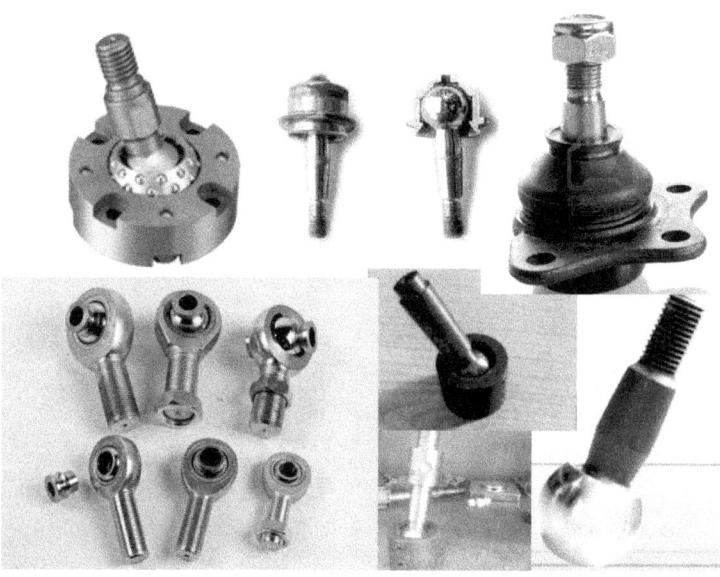

Fig. 2. Articulaţiile sferice au utilizări multiple

Pentru un sistem paralel cu 12 articulaţii sferice (C_3), şi 6 cuple motoare (C_5) numai de translaţie, de clasa a V-a, mobilitatea sistemului (mecanismului spaţial) se calculează cu formula generală (1), (pentru un mecanism spaţial de familia 0):

$$M_0 = 6 \cdot m - 5 \cdot C_5 - 4 \cdot C_4 - 3 \cdot C_3 - 2 \cdot C_2 - 1 \cdot C_1 =$$
$$= 6 \cdot m - 5 \cdot C_5 - 3 \cdot C_3 = 6 \cdot 13 - 5 \cdot 6 - 3 \cdot 12 = \qquad (1)$$
$$= 78 - 30 - 36 = 12$$

Unde m reprezintă numărul elementelor mobile ale mecanismului (sistemului), în cazul de faţă m fiind egal cu 13, deoarece cele şase picioare mobile sunt formate fiecare din câte două elemente (deci 6*2=12), iar una din platforme (cea superioară) este şi ea mobilă (reprezenţând cel de al treisprăzecelea element mobil al sistemului).

Din cele 12 grade de mobilitate ale sistemului numai 6 sunt active (ele reprezentând mişcările liniare ale motoarelor liniare). Celelalte şase grade de mobilitate sunt pasive (nu indică necesitatea utilizării unor actuatori suplimentari pentru realizarea lor). Ele sunt practic materializate prin şase mişcări de rotaţie suplimentare ale celor şase picioare, fiecare picior format din două elemente cinematice, considerat ca un solid, putându-se roti liber între cele două articulaţii sferice ale sale (prin care este legat la cele două platforme, cea fixă de la bază şi cea mobilă de sus), (a se urmări figura 3).

Deşi în general această rotaţie pasivă este aleatorie (cinematic nu este necesară), totuşi ea ajută la o mai bună mobilitate (mişcare) dinamică a mecanismului (sistemului).

Fig. 3. Rotația pasivă a piciorului motor între cele două articulații sferice (C_3).
Rotația între elementele de translație nu este permisă, când cupla motoare este una
de translație de clasa a V-a (C_5)

Practic, se utilizează în locul cuplelor motoare de translație (C_5) cuple
motoare cilindrice (C_4) care pe lângă mișcarea de translație, permit și o mișcare de
rotație relativă între cele două bare ale cuplei motoare. Actuatorii liniari sunt
construiți în așa fel încât fiecare să permită și o mișcare de rotație relativă între cele
două bare active. Mișcarea motoare este cea liniară, dar este permisă și o mișcare de
rotație relativă în cadrul motoelementului.

În această situație dispar cele șase cuple de clasa a V-a (C_5), ele fiind
înlocuite în totalitate cu articulații mobile cilindrice de clasa a IV-a (C_4), (a se vedea
figura 4). Formula gradului de mobilitate îmbracă aspectul (2).

$$M_0 = 6 \cdot m - 5 \cdot C_5 - 4 \cdot C_4 - 3 \cdot C_3 - 2 \cdot C_2 - 1 \cdot C_1 =$$
$$= 6 \cdot m - 4 \cdot C_4 - 3 \cdot C_3 = 6 \cdot 13 - 4 \cdot 6 - 3 \cdot 12 = 78 - 24 - 36 = 18$$

(2)

Mecanismul își sporește gradul de mobilitate, dar numai șase dintre aceste
mobilități sunt active (ele se referă la mișcările liniare impuse de cei șase actuatori).
În acest caz avem 12 mișcări pasive de rotație.

Fig. 4. Pe lângă rotația pasivă a piciorului motor între cele două articulații sferice
(C_3), mai are loc și o rotație între cele două elemente de translație. Se utilizează acum
o cuplă cinematică motoare cilindrică, de clasa a IV-a (C_4)

Ambele variante prezentate sunt nu doar funcţionale dar au şi o dinamică mai bună. Ele au fost utilizate la început chiar de Stewart. Acesta a propus apoi un sistem combinat, mai rigid (din punct de vedere dinamic) şi mai economic, în care şase dintre articulaţiile sferice (C_3) să fie înlocuite cu şase articulaţii de tip universal (cruce cardanică, etc), adică cu cuple de clasa a IV-a. Deci din cele 12 cuple sferice C_3, rămân spre utilizare jumătate (şase cuple C_3), iar alte şase vor fi de clasa a IV-a (articulaţii universale) şi împreună cu articulaţiile cilindrice motoare (C_4) vor realiza la platforma Stewart 12 cuple C_4. Mobilitatea va fi dată de formula (3).

$$M_0 = 6 \cdot m - 5 \cdot C_5 - 4 \cdot C_4 - 3 \cdot C_3 - 2 \cdot C_2 - 1 \cdot C_1 =$$
$$= 6 \cdot m - 4 \cdot C_4 - 3 \cdot C_3 = 6 \cdot 13 - 4 \cdot 12 - 3 \cdot 6 = 78 - 48 - 18 = 12 \qquad (3)$$

El s-a impus imediat şi deşi se credea că înlocuind toate articulaţiile sferice cu articulaţii universale sistemul nu va mai funcţiona, totuşi cineva a încercat şi a văzut că merge şi aşa, şi aşa a şi rămas. Marea majoritate a platformelor paralele de tip Stewart au astăzi 12 articulaţii universale şi 6 cuple motoare cilindrice toate fiind cuple cinematice de clasa a IV-a (C_4).

Dispar articulaţiile C_3 şi cuplele motoare C_5 şi rămân doar articulaţii universale şi cuple motoare cilindrice, toate de clasa cinematică C_4, (fig. 5).

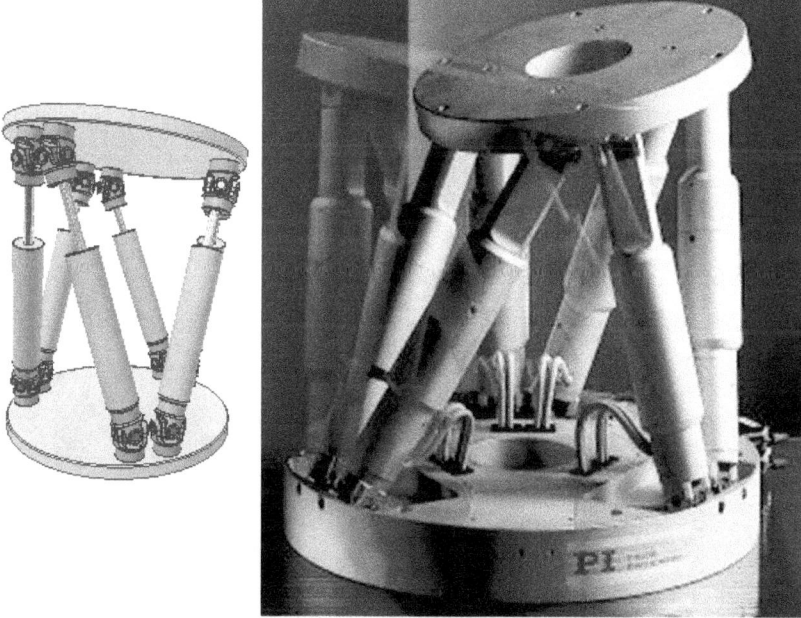

Fig. 5. Platforme moderne de tip Stewart cu 12 articulaţii universale

Articulaţiile universale utilizate pot fi din punct de vedere constructiv de mai multe feluri (a se vedea fig. 6).

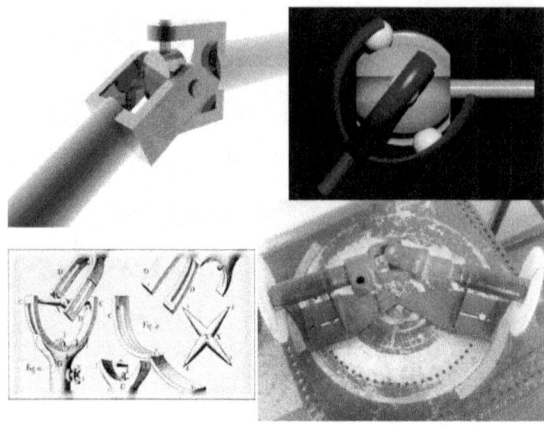

Fig. 6. Articulații universale (diversitatea lor constructivă este mare)

Formula de calcul a gradului de mobilitate se scrie acum sub forma mult simplificată (4).

$$M_0 = 6 \cdot m - 5 \cdot C_5 - 4 \cdot C_4 - 3 \cdot C_3 - 2 \cdot C_2 - 1 \cdot C_1 =$$
$$= 6 \cdot m - 4 \cdot C_4 = 6 \cdot 13 - 4 \cdot 18 = 78 - 72 = 6 \tag{4}$$

Deși pare mecanismul cel mai rigid (dinamic), cu numai șase grade de mobilitate, toate active, reprezentând cele șase mobilități liniare ale celor șase actuatori, acest sistem fără mobilități suplimentare, pasive, de rotație, a reușit să se impună ca o soluție mai judicioasă (din punct de vedere economico-financiar, dar și tehnologic, el fiind mai ușor de realizat, mai ieftin și mai fiabil; vezi figurile 5 și 7).

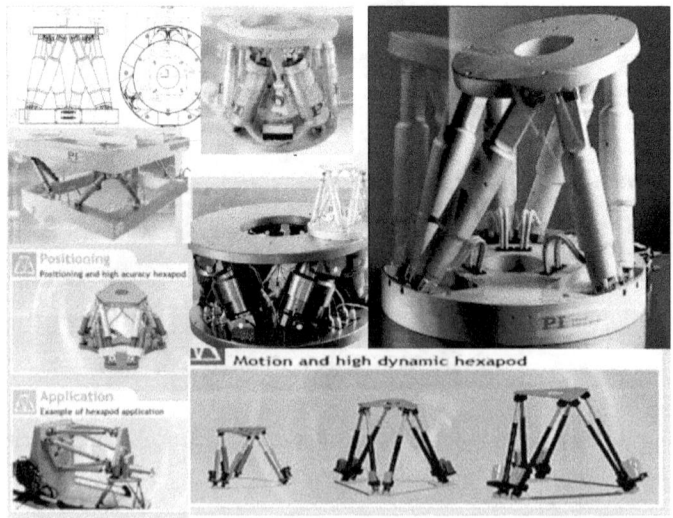

Fig. 7. Platforme moderne de tip Stewart cu articulații universale

Motoarele liniare (actuatorii) sunt de cele mai multe ori hidraulice (figura 8). Ele pot fi și electrice, pneumatice, etc, dar cele mai utilizate sunt pentru moment cele hidraulice.

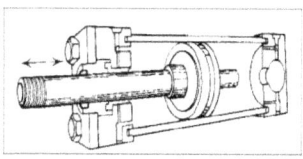

Fig. 8. Motor (Actuator) liniar hidraulic

Avantajele lor (ale actuatoarelor hidraulice în particular, dar și ale sistemelor paralele în general) sunt reprezentate în primul rând de vitezele mari de lucru (asemeni sistemelor de acționare de la tractoarele specializate), viteze mari cu păstrarea unei dinamici bune. Echilibrarea lor se face mai simplu (la sistemele hidraulice, care acționează în mod implicit nu doar ca motoare ci și ca amortizoare hidraulice, simultan). Sistemele paralele (în general) sunt mai rapide, mai dinamice, mai bine echilibrate, mai silențioase, și în special „mai rigide și mai precise", comparativ cu structurile seriale.

Acolo unde este nevoie de rigiditate mare și precizie ridicată se va lua în considerare (de la bun început) utilizarea unui sistem mecanic mobil paralel (la operatiile medicale, pe creier, sau pe măduva coloanei vertebrale, de exemplu, la operațiile în medii toxice, chimice, nucleare, în industria grea, etc).

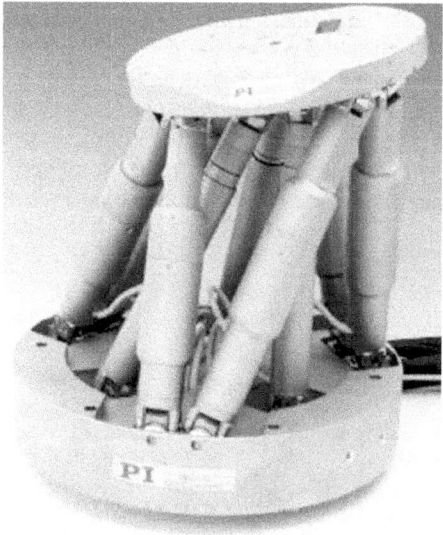

Fig. 9. Sistem paralel cu nouă picioare liniare hidraulice

Deși pare exagerat, în unele medii amintite anterior (la operațiile pe șira spinării) s-au introdus, la cererea medicilor specialiști, dispozitive bazate pe platforme paralele super rigidizate, prin suplimentarea celor șase picioare motoare cu încă trei, rezultând astfel în final nouă picioare (vezi figura 9).

Avem acum nouă picioare, fiecare din ele conținând câte două elemente cinematice mobile și câte trei cuple C_4.

Numărul elementelor mobile, m, se ridică acum la 9*2+1=19. Cuplele cinematice sunt numai de clasa a patra, C_4=9*3=27. Formula mobilității mecanismului (sistemului) fiind dată de relația (5).

$$M_0 = 6 \cdot m - 5 \cdot C_5 - 4 \cdot C_4 - 3 \cdot C_3 - 2 \cdot C_2 - 1 \cdot C_1 =$$
$$= 6 \cdot m - 4 \cdot C_4 = 6 \cdot 19 - 4 \cdot 27 = 114 - 108 = 6$$
(5)

Sistemul având numai șase grade de mobilitate (toate active) va funcționa identic celui prezentat în lucrarea de față, cu cei șase actuatori laterali, iar cele trei picioare suplimentare nu vor fi niște motoare hidraulice suplimentare, ci numai niște amortizori hidraulici suplimentari; ele vor fi practic trase, (antrenate) în permanență, de platforma mobilă superioară, și în permanență ele vor opune o rezistență mișcării (vor realiza o frână, și o amortizare suplimentară). Rigiditatea sistemului va crește semnificativ.

Deși pare mult mai complex (la prima vedere), acest sistem este acționat identic cu cel clasic (cu șase actuatori laterali), iar calculele se fac la fel ca și la sistemul Stewart clasic prezentat.

Cele trei picioare suplimentare realizând doar o mai bună stabilitate, susținere, frânare și mai ales o rigiditate sporită a întregului sistem.

Dacă se dorește implementarea a nouă actuatori efectivi, atunci trebuie regândită structura mecanismului pentru obținerea câtorva mobilități suplimentare (cel puțin trei). Pentru fiecare articulație universală transformată în una sferică se obține un grad de mobilitate suplimentar. Pentru a avea mobilitatea mecanismului 9 în loc de 6 trebuie ca trei articulații universale să fie înlocuite cu trei cuple cinematice sferice. Cel mai logic ar fi să se înlocuiască cele trei articulații superioare ale picioarelor suplimentare. În acest caz formula mobilității ia forma (6).

$$M_0 = 6 \cdot m - 5 \cdot C_5 - 4 \cdot C_4 - 3 \cdot C_3 - 2 \cdot C_2 - 1 \cdot C_1 =$$
$$= 6 \cdot m - 4 \cdot C_4 - 3 \cdot C_3 = 6 \cdot 19 - 4 \cdot 24 - 3 \cdot 3 = 114 - 96 - 9 = 9$$
(6)

În această situație teoria se modifică și ea.

Chiar și sistemele paralele clasice prezentate au o rigiditate foarte ridicată, și o precizie foarte bună, putând să-și păstreze echilibrul în timpul mișcărilor rapide cu o sarcină mare încărcată (vezi foto din figura 10). Sarcina este foarte mare, vitezele de deplasare sunt ridicate, înclinările mari și bruște nu lipsesc nici ele. Așa cum se poate vedea în figura 10, încărcătura nu este ancorată, ci este așezată liberă pe platforma mobilă (superioară).

Fig. 10. Sistem paralel cu şase actuatoare liniare hidraulice, încărcat, în mişcare

BIBLIOGRAFIE

1.   Antonescu P., Mecanisme și manipulatoare, Editura Printech, Bucharest, 2000, p. 103-104.
2.   Adir G., Adir V., RP200 – A Walking Robot inspired from the Living World. Proceedings of the 4th International Conference, Research and Development in Mechanical Industry, RaDMI 2004, Serbia & Montenegro.
3.   Angeles J., s.a., An algorithm for inverse dynamics of n-axis general manipulator using Kane's equations, Computers Math. Applic, Vol.17, No.12, 1989.
4.   Atkenson C., Chae H.A., Hollerbach J., Estimation of inertial parameters of manipulator load and links, Cambridge, Massachuesetts, MIT Press, 1986.
5.   Avallone E.A., Baumeister T., Marks' Standard Handbook for Mechanical Engineers 10th Edition, McGraw-Hill, New York, 1996.
6.   Baili M., Classification of 3R Ortogonal positioning manipulators. Technical report, University of Nantes, September 2003.
7.   Baron L. and Angeles J., The on-line direct kinematics of parallel manipulators using joint-sensor redundancy. In ARK, Strobl, 29 Juin-4 Juillet, 1998, p. 127-136.
8.   I. Bogdanov, Conducerea roboților. Editura Orizonturi Universitare Timisoara, 2009, ISBN 978-973-638-419-6.
9.   Borrel P., Liegeois A., A study of manipulator inverse kinematic solutions with application to trajectory planning and workspace determination. In Prod. IEEE Int. Conf. Rob. and Aut., pp. 1180-1185, 1986.
10.   Burdick J.W., Kinematic analysis and design of redundant manipulators. PhD Dissertation, Stanford, 1988.
11.   C. Caleanu, V. Tiponut, Ivan Bogdanov, I. Lie, Emergent Behaviour Evolution in Collective Autonomous Mobile Robots. WSEAS International Conference on SYSTEMS, Heraklion, Crete Island, Greece, Iulie 22-24, 2008.
12.   Carvalho, J.C.M, Ceccarelli, M., A Dynamic Analysis for Casino Parallel Manipulator, Proc. of Tenth World Congress on The Theory of Machines and Mechanisms, Oulul, Finland, 1999, p. 1202-1207.
13.   Ceccarelli M., A formulation for the workspace boundary of general n-revolute manipulators. Mechanisms and Machine Theory, Vol. 31, pp. 637-646, 1996.
14.   Chen, N-X., Song, S-M., Direct Position Analysis of the 4-6 Stewart Platforms, DE-Vol. 45, Robotics, Spatial Mechanisms and Mecahanical Systems, ASME, 1992, 380-386.
15.   Chircor M., Noutăți în cinematica și dinamica roboților industriali, Editura Fundației Andrei Saguna, Constanța, 1997.
16.   Choi J-K., Mori, O., Omata, T., Dynamics and stable reconfiguration of self-reconfigurable planar parallel robots, Advanced Robotics, vol. 18, no. 16, 2004, p.565-582 (18).

17. Ciobanu L., Sisteme de roboti celulari- Editura Tehnică, București, 2002.
18. Clavel, R., DELTA, a Fast Robot with Parallel Geometry, Proc. Int. Symposium on Industrial Robots, April 1988, ISBN 0-948507-97-7, p. 91-100.
19. Codourey, A., Contribution a la Commande des Robots Rapides et Precis. Application au robot DELTA a Entrainement Direct, These a l'Ecole Polytechnique Federale de Lausanne, 1991.
20. Cojocaru G., Fr. Kovaci, Roboţii în acţiune, Ed. Facla, Timișoara, 1998.
21. Coman D., Algoritmi Fuzzy pentru conducerea robotilor... Teză de doctorat, Universitatea din Craiova, 2008.
22. Comănescu Adr., Comănescu D., Neagoe A., Fractals models for human body systems simulation. Journal of Biomechanics, 2006, Vol. 39, Suppl. 1, p S431.
23. Craig J., Introduction to Robotics, Mechanics and Control. Stanford University. Addison – Wesley Publishing Company, 1986.
24. Dasgupta, B., Mruthyunjaya, T.S., The Stewart platform manipulator: a review, mechanism and machine Theory 35, 2000, p. 15-40.
25. Davidoviciu A., Drăganoiu Gh., Hoanga A., Modelarea, simularea și comanda manipulatoarelor și roboţilor industriali. Editura Tehnică, Bucuresti 1986.
26. De Luca A., Zero dynamics in robotic systems. In C.I. Byrnes and A. Kurzhansky editors, Nonlinear Synthesis, pp. 68-87, Birkhauser, Boston, MA, 1991.
27. Denavit J., McGraw-Hill, Kinematic Syntesis of Linkage, Hartenberg R.SN.Y.1964.
28. Devaquet, G., Brauchli, H., A Simple Mechanical Model for the DELTA-Robot, Robotersysteme, vol. 8, 1992, p. 193-199.
29. Di Gregorio, R., Parenti-Castelli, V., Dynamic Performance Indices for 3-DOF Parallel Manipulators, Advances in Robot Kinematics (J. Lenarcic and F. Thomas -edit), 2002, Kluver Academic Publisher, p. 11-20.
30. Do W.Q.D., Yang, D.C.H. (1988). Inverse dynamic analysis and simulation of a platform type of robot. Journal of Robotic Systems, 5(3), p. 209-227.
31. Dobrescu T., Al. Dorin, Încercarea roboţilor industriali- Editura Bren, București, 2003.
32. Dombre E., Wisama Khalil, Modelisation et commande des robots, Editions Hermes, Paris 1988.
33. Dorin Al., Dobrescu T., Bazele cinematicii roboţilor industriali. Editura Bren, București, 1998.
34. Doroftei Ioan, Introducere în roboţii pășitori, Editura CERMI, Iași 1998.
35. Drimer D., A.Oprea, Al. Dorin, Roboţi industriali și manipulatoare, Ed. Tehnică 1985.
36. Dumitrescu D., Costin H., Reţele neuronale. Teorie și aplicaţii. Ed. Teora, București, 1996.
37. Faugere, J.C., Lazard, D., The combinatorial classes of parallel manipulators, Mechanism and Machines Theory, 30 (6), 1995, p. 765-776.

38.	Fioretti A., Implementation-oriented kinematics analysis of a 6 dof parallel robotic platform. In 4th IFAC Symp. on Robot Control, Capri, 19-21 Septembre 1994, p. 43-50.

39.	Fong T., Design and Testing of a Stewart Platform Augmented Manipulator for Space Applications. Massachusetts Institute of Technology, Master of Science Thesis, 1990.

40.	Fu, K.S., Gonzales, R.C., Lee, C.S.G., Robotics: Control, Sensing, Vision and Intelligence, McGraw-Hill Book Company, 1987.

41.	Fujimoto, K., a.o., Derivation and analysis of equations of motion for a 6 d.o.f. direct drive wrist joint. In IEEE Int. Workshop on Intelligent Robots and Systems (IROS), Osaka, 1991, p. 779-784.

42.	Geng Z. and Haynes L.S. Six-degree-of-freedom active vibration isolation using a Stewart platform mechanism. J. of Robotic Systems, 10(5), July 1993, p. 725-744.

43.	Gerstmann, U., Der Getriebeeinfluß auf die Arbeits- und Positionsgenauigkeit, Disertation, VDI Verlag, 1991.

44.	Ghelase D., Manipulatoare și roboți industriali. Îndrumar de laborator. Facultatea de Inginerie Brăila, 2002.

45.	Ghorbel F., Chetelat O., Longchamp R., A reduced model for constrained rigid bodies with application to parallel robots. In 4th IFAC Symp. on Robot Control, pages 57-62, Capri, September, 19-21, 1994.

46.	Giordano, M., Structure Mechanique des Robots et Manipulateurs en Chaines Complex, Le Point en Robotique, France, vol. 2, 1985.

47.	Goldsmith, P.B., Kinematics and Stiffness of a Simmetrical 3-UPU Translational Parallel Manipulator, Proc. of the 2002 IEEE, International Conference on Robotics &Automation, Washington DC, 2002, p. 4102-4107.

48.	Grecu B., Adir G., The Dynamic Model of Response of DD-DS Fundamental. In the World Congress on the Theory of Machines and Mechanisms, Oulu, Finland, 1999.

49.	Grosu D., Contribuții la studiul sistemelor robotizate aplicate în tehnica de blindate, teză de doctorat, Academia Tehnică Militară, București, 2001.

50.	Grotjahn, M., Heimann, B., Abdellatif,H., Identification of Friction and Rigid-Body Dynamics of parallel Kinematic structures for Model-based Control, Multibody system Dynamics, vol. 11, no.3, 2004, p. 273-294 (22).

51.	Guegan, S., Khalil, W., Dynamic Modeling of the Orthoglide, Advances in Robot Kinematics (J. Lenarcic and F. Thomas -eds), Kluver Academic Publisher, 2002, p. 287-396.

52.	Guglielmetti, P., Longchamp, R., A Closed Form Inverse Dynamics Model of the DELTA Parallel Robot, Symposium on Robot Control, Capri, Italia, 1994, p. 51-56.

53.	Guilin Yangt - Design and Kinematic Analysis of Modular Reconfigurable Parallel Robots, International Conference on Robotics & Automation, Detroit, Michigan, 1999.

54.	Hale, Layon C., Principles and Techniques for Designing Precision Machines. UCRL-LR-133066, Lawrence National Laboratory, 1999.

55.	Handra-Luca, V., Brisan, C., Bara, M., Brad, S., Introducere în modelarea roboților cu topologie specială, Ed. Dacia, Cluj-Napoca, 2003, 218 pg.

56.	Hartemberg R.S. and J.Denavit, A kinematic notation for lower pair mechanisms, J. appl.Mech. 22,215-221 (1955).

57.	Hasegawa, Matsushita, Kanedo, On the study of standardisation and symbol related to industrial robot in Japan, Industrial Robot Sept.1980.

58.	Hayes, M.J.D., Husty, M.L., Zsombor-Murray, P.J., Solving the Forward Kinematics of a Planar Three-Legged Platform with Holonomic Higher Pairs, Transactions of the ASME, Vol. 121, June 1999, p. 212-219.

59.	Hesselbach, J., Plitea, N., Kerle, H., Frindt, M., Bewegungsvorrichtung mit Parallelstruktur, Patentschrift DE 198 40 886 C2, 13.03.2003, Deutsches Patent –und Markenamt, Bundesrepublik Deutschland.

60.	Hockey, The Method of Dynamically Similar Systems Applied to the Distribution of Mass in Spatial Mechanisms, Jnl. Mechanisms Volume 5, Pergamon Press, 1970, p. 169-180.

61.	Hollerbach J.M., Wrist-partitioned inverse kinematic accelerations and manipulator dynamics, International Journal of Robotic Research 2, 61-76 (1983).

62.	Huang, M.Z., Ling, S.-H., Sheng, Y., A Study of Velocity Kinematics for Hybrid manipulators with Parallel-Series Configurations, IEEE, Vol. I, 1993, p. 456-460.

63.	Hudgens, J.C., Tesar, D., A Fully-Parallel Six Degrees-of Freedom Micromanipulator: Kinematic Analysis and Dynamic Model, Proceedings of the 5th International Conference on Advanced Robotics (ICAR), 1991, p. 814-820.

64.	Husty, M.L., An Algorithm for Solving the Direct Kinematics of General Stewart-Gough Platforms, Mechanism and Machine Theory, Vol. 32, No. 4., p. 365-379.

65.	Ion I., Ocnărescu C., Using the MERO-7A Robot in the Fabrication Process for Disk Type Pieces. In CITAF 2001, Tom 42, Bucharest, Romania, pp. 345-351.

66.	Ispas V., Aplicaţiile cinematicii în construcţia manipulatoarelor şi a roboţilor industriali, Ed. Academiei Române 1990.

67.	Ivănescu M., Roboţi industriali. Editura Universităţii Craiova 1994.

68.	Ji, Z., Dynamic decomposition for Stewart platform. ASME J. of Mechanical Design, 116 (1), 1994, p. 67-69.

69.	Jo, D.,Y., Workspace Analysis of Multibody Mechanical Systems Using Continuation Methods, Journal of Mechanisms, Transmissions and Automation in Design, vol. 111, 1989, p. 581-589.

70.	N. Joni, A. Dobra, M. Nitulescu, Actual Distribution and Midterm Development Prognosis of Industrial Robots in Romania. Lucrarile conferintei RAAD 2009, 25-27 Mai, Brasov, pag.107.

71.	Kane T.R., D.A. Levinson, The use of Kane's dynamic equations in robotics, International Journal of Robotic Research, Nr. 2/1983.

72.	Kazerounian K., Gupta K.C., Manipulator dynamics using the extended zero reference position description, IEEE Journal of Robotic and Automation RA-2/1986.

73.	Kerle, H., Krefft, M., Hesselbach, J., Plitea, N., Vorschubeinrichtung für Werkzeugmaschinen, Patentanschrift, Bundesrepublik Deutschland, deutsches Patent- und markenamt, DE 102 30 287 B3 2004.01.08,

Anmeldetag 05.07.2002, Veröffelntichungstag der Patentverteilung, 08.01.2004 (patent Nr. 102.287.1-14).

74.   Khalil W. - J.F.Kleinfinger and M.Gautier, Reducing the computational burden of the dynamic model of robots, Proc. IEEE Conf.Robotics ana Automation, San Francisco, Vol.1, 1986.

75.   Kim, H.S., Tsai, L-W., Kinematic Synthesis of Spatial 3-RPS Parallel Manipulators, DETC'02, ASME 2002 Design Engineering Technical Conferences and Computers and Information in Engineering Conference, Canada, 2002, p. 1-8.

76.   Kohli D., Hsu M.S., The Jacobian analysis of workspaces of mechanical manipulators. Mechanisms and Machine Theory, Vol. 22(3), pp. 265-275, 1987.

77.   Kovacs Fr, C. Rădulescu, Roboți industriali, Universitatea Timișoara, 1992.

78.   Krockenberger O., Industrial robots for the automotive industry, SAE journal, nr. 6/1998.

79.   Kyriakopoulos K. J. and G.N.Saridis - Minimum distance estimation and collision prediction under uncertainty for on line robotic motion planning, International Journal of Robotic Research 3/1986.

80.   Lebret, G., Liu, K., Lewis, F.L., Dynamic Analysis and Control of a Stewart Platform Manipulator, Journal of Robotic Systems 10(5), 1993, 629-655.

81.   Lee, W.H., Sanderson, A.C., Dynamic Analysis and Distributed Control of the Tetrarobot Modular Reconfigurable Robotic System, Autonomous Systems, vol.10, no.1, 2001, p.67-82 (16).

82.   Li, D., Salcudean, T., Modeling, simulation and control of hydraulic Stewart platform. In IEEE Int. Conf. on Robotics and Automation, Albuquerque, 1997, p. 3360-3366.

83.   Liegeois, A., Fournier, A., Utilisation des Equations de Lagrange pour la Commande en Temps Reel d'un Robot de Peinture et de Manutention. Contract RNUR/LAM, Montpellier, France, 1979.

84.   Liu, X-J., Kim, J., A New Three-Degree-of-Freedom Parallel Manipulator, Proc. of the IEEE International Conference on Robotics6Automation, 1155-1160, 2002.

85.   Lorell K., et al, Design and preliminary test of precision segment positioning actuator for the California Extremely Large Telescope. Proceedings of the SPIE, Volume 4840, pp. 471-484, 2003.

86.   Luh J.S.Y., Walker M.W., Paul R.P.C., Online computational scheme for mechanical manipulators, Journal of Dynamic Systems Measures and Control 102/1980.

87.   Ma O., Dynamics of serial - typen-axis robotic manipulators, Thesis, Department of Mechanical Engineering, McGill University, Montreal,1987.

88.   I. Maniu, S. Varga, C. Radulescu, V. Dolga, I. Bogdanov, V. Ciupe – Robotica. Aplicatii robotizate, Ed.Politehnica, Timisoara 2009, ISBN 978-973-625-842-8.

89.   McCallion, H., Truong, P. D., The Analysis of a Six-Degree-of-Freedom Work Station for Mechanised Assembly, Proceedings of the Fifth World Congress on Theory of Machines and Mechanisms, Montreal, 1979.

90. Merlet, J.-P., Parallel robots, Kluver Academic Publisher, 2000.
91. Miller, K., Optimal Design and Modeling of Spatial Manipulators, The International Journal of Robotics research, vol.23, 2004, p. 127-140 (14).
92. Minotti, P., Decouplage Dynamique des Manipulateurs. Prepositions de Solutions Mecaniques, Mech. Mach. Theory, vol 26, nr.1, 1991, p 107-122.
93. Mitrea M., Asigurarea calității în fabricația de autovehicule militare, Editura Academiei Tehnice Militare, București, 1997.
94. Moise V., ș.a., Metode numerice. Ed. Printech, București, 2007.
95. Moldovan L. – Automatizari in construcția de mașini. Roboți industriali vol. 1 Mecanica. Universitatea Tehnică Tg-Mures 1995.
96. Monkam G., Parallel robots take gold in Barcelona, Industrial Robot, 4/1992.
97. Neacșa M., Tempea I., Asupra eficienței bazelor de date a mecanismelor în diferite faze de asimilare. Revista Construcția de mașini, nr. 7, București, 1998.
98. Neagoe, M., Diaconescu, D.V., șa., On a New Cycloidal Planetary Gear used to Fit Mechatronic Systems of RES. OPTIM 2008. Proceedings of the 11th International Conference on Optimization of Electrical and Electronic Equipment. Vol. II-B. Renewable Energy Conversion and Control. May 22-23.08, Brașov, pp. 439-449, IEEE Catalog Number 08EX1996. ISBN 987-973-131-028-2 (ISI).
99. Nguyen, C.C. a.o., Dynamic analysis of a 6 d.o.f. CKCM robot end effector for dual-arm telerobot systems. Robotics and Autonomous Systems, 5, 1989, p. 377-394.
100. Nitulescu M., Solutions for Modeling and Control in Mobile Robotics, In Journal of Control Engineering and Applied Informatics, Vol. 9, No 3-4, 2007, pp. 43-50.
101. Ocnărescu C., The Kinematic and Dynamics Parameters Monitoring of Didactic Serial Manipulator, Proceedings of International Conference of Advanced Manufacturing Technologies, ICAMaT 2007, Sibiu, pp. 223-228.
102. Olaru A., Dinamica roboților industriali, Reprografia Universității Politehnice București, 1994.
103. Omri J.El., Kinematic analysis of robotic manipulators. PhD Thesis, University of Nantes, 1996 (in french).
104. Pandrea N., Determinarea spațiului de lucru al roboților industriali, Simpozion National de Roboți Industriali, București 1981.
105. Papadopoulous E., Path planning for space manipulators exhibiting nonholonomic behavior. Proceedings of the IEEE/RSJ Int. Workshop on Intelligent Robots Systems, pp. 669-675, 1992.
106. Parenti C.V., Innocenti C., Position Analysis of Robot Manipulators: Regions and Subregions. In Proc. of International Conf. on Advances in Robot Kunematics, pp. 150-158, 1988.
107. Paul R.P., Robot manipulators, Mathemetics Programing and Control, MIT Press 1981.
108. Păunescu T., Celule flexibile de prelucrare, Editura Universității "Transilvania" Brașov, 1998.
109. Petrescu F.I., Grecu B., Comănescu Adr., Petrescu R.V., Some Mechanical Design Elements, Proceedings of International Conference

Computational Mechanics and Virtual Engineering, COMEC 2009, October 2009, Brașov, Romania, pp. 520-525.

110.   Pierrot, F., Dauchez, P., Uchiyama, M., Iimura, K., Toyama, O., Unno, K., HEXA: a Fully-Parallel 6 DOF Japanese-French robot, 1er Congres Franco-Japonais de Mecatronique, Besancon, 20-22 oct. 1992, p.1-8.

111.   Plitea, N., Hesselbach, J., Frindt, Kusiek,A., Bewegungsvorrichtung mit Parallelstruktur. Patentschrift DE 197 57 133 C1, Deutsches Patentamt, München, erteilt 29.07.1999 (angemeldet am 20.12.1997).

112.   Pooran, F.J., Dynamics and Control of robot manipulators with closed-kinematic chain mechanism. Ph.D Thesis, Washington D.C., 1989.

113.   Powell I.L., B.A.Miere, The kinematic analysis and simulation of the parallel topology manipulator, The Marconi Review, 1982.

114.   Raghavan, M., Roth, B., Solving polynomial systems for the kinematics analysis of mechanisms and robot manipulators, ASME J. of Mechanical Design, 117 (2), 1995, p.71-79.

115.   Reboulet, C., Pigeyre, R., Hybrid Control of a 6 d.o.f. in parallel actuated micromanipulator mounted on a SCARA robot, Int J. of Robotics and Automation, 7 (1), 1992, p. 10-14.

116.   Renaud M., Quasi-minimal computation of the dynamic model of a robot manipulator utilising the Newton-Euler formulism and the notion of augmented body. Proc. IEEE Conf. Robotics Automn Raleigh, Vol.3, 1987.

117.   Riesler, H., Zur Berechnung geschlossener Lösungen des inversen kinematischen Problems, Fortschritte der Robotik, 16, Vieweg, 1992.

118.   Rong, H., Liang, C.,G., A Direct Displacement Solution to the Triangle-Platform 6-SPS Parallel Manipulator, 8th Congres on the Theory of Machines and Mechanisms, Prague, Cehoslovacia, 1991, p. 1237-1239.

119.   Seeger G., Self-tuning of commercial manipulator based on an inverse dynamic model, J.Robotics Syst. 2 / 1990.

120.   Sefrioui, J. and Gosselin, C.M., Étude et représentation des lieux de singularité des manipulateurs parallèles spheriques à trois degrés de liberté avec actionneurs prismatiques, in Mech. Mach. Theory Vol. 29, No.4, 1994, p. 559-579.

121.   Seyferth, W. (1972), Dynamische und kinetostatische Analyse eines räumlichen Getriebes unter Verwendung von Ersatzmassen, PhD. Thesis, TU Braunschweig.

122.   Shi, X., Fenton, R., G., Structural Instabilities in Platform-Type Parallel Manipulators due to Singular Configurations, DE-Vol.45, Robotics, Spatial Mechanisms and Mechanical Systems, ASME, 1992.

123.   Simionescu I., Ion I., Ciupitu Liviu, Mecanismele roboților industriali. Vol. I, Ed. AGIR, București, 2008.

124.   Smith S.T., Chetwynd D.G., Foundations of Ultraprecision Mechanism Design. Gordon and Breach Science Publishers, Switzerland, 1992.

125.   Starețu I., Proiectarea creativă în concepție modulară a mecanismelor de prehensiune cu bacuri pentru roboții industriali. Teză de doctorat, Universitatea Transilvania din Brașov, 1995.

126.   Stănescu A., Dumitrache I., Inteligența artificiala și robotica, Ed.Academiei, București 1983.

127. Sturm, A.J., Erdman, A.G., Wang, S.H., Design and Analysis of an Industrial 3P3R Robot, ASME Paper 82-DET-32, 1982.

128. Tabără I., Martineac A., The influence of the revolute real axes deviations on the position accuracy of a robot with parallel rotational axes. Proceedings of SYROM 2001, Bucharest, Romania, Vol. II, pp. 315-320.

129. Tadokorro, S., Control of parallel mechanisms. Advanced Robotics, 8 (6), 1994, p. 559-571.

130. Tahmasebi, F., Tsai, L-W., Jacobian and Stiffness Analysis of a Novel Class of Six-dof Parallel Minimanipulators, DE-Vol.47, Flexible Mechanisms, Dynamics and Analysis, ASME, 1992, p. 95-102.

131. Tamio Arai, Hisashi Osumi, Three wire suspension robot, Industrial Robot, 4/1992.

132. Tabacaru V., Sisteme flexibile de fabricație. Vol. I Roboți industriali și manipulatoare. Universitatea "Dunarea de Jos" Galați, 1995.

133. Trif N., Automatizarea proceselor de sudare, Editura Lux Libris, Brașov, 1996.

134. Tsai L-W. Solving the inverse dynamics of a Stewart-Gough manipulator by the principle of virtual work. ASME J. of Mechanical Design, 122(1), Mars 2000, p. 3-9.

135. Vazquez, F., Marin, R., Trillo, J. L., Garrido, J., Object Oriented Modeling, Design & Simulation of Industrial Autonomous Mobile Robots, EURISCON, 1994, p. 361-371.

136. Vukobratovic M., Applied dynamics of manipulation robots, New York, 1989.

137. Walker, M., W., Orin, D.E., Efficient Dynamic Computer Simulation of Robotic Mechanisms, Journal of Dynamic Systems, Measurement and Control, vol 104; 1982, p 205-211.

138. Wampler, C,W., Forward displacement analysis of general six-in parallel SPS (Stewart) platform manipulators using some coordinates. Mechanism and Machine Theory, 31 (3), 1996, p. 331-337.

139. Wang J. et Gosselin C.M. A new approach for the dynamic analysis of parallel manipulators. Multibody System Dynamics, 2(3), Septembre 1998, p. 317-334.

140. Wu, Y., Gosselin, C., On the Synthesis on a Reactionless 6-DOF Parallel Mechanism using Planar Four-Bar Linkages, Proc. of the Workshop on Fundamentals Issues and Future Research Directions for Parallel mechanism and Manipulators, Canada, 2002, p. 310-316.

141. Yang, K-H., Park, Y-S., Dynamic Stability Analysis of a Flexible Four-Bar Mechanism and its Experimental Investigation, Mech. Mach. Theory, Vol. 33, No. 3, 1998, p. 307-320.

142. Zhang C., Song S-M., Forward Position Analysis of Nearly General Stewart Platforms, ASME Robotics, Spatial Mechanisms and Mechanical Systems, DE-Vol 15, 1992, p. 81-87.

143. Zlatanov, D., Dai, M.,Q., Fenton, R., G., Benhabib, B., Mechanical Design and Kinematic Analysis of a Three-Legged Six Degree-of-Freedom Parallel Manipulator, De- Vol. 45, Robotics, Spatial Mechanisms and Mechanical Systems, ASME, 1992, p. 529-536.

www.ingramcontent.com/pod-product-compliance
Lightning Source LLC
Chambersburg PA
CBHW051325170526
45166CB00002B/689